Wege zu alten Bäumen

Band 5 - Niedersachsen

19.4.94

Hans Joachim Fröhlich

Wege zu alten Bäumen

Band 5 - Niedersachsen

Kuratorium
"Alte liebenswerte Bäume
in Deutschland" e.V.
Wiesbaden

WDV Wirtschaftsdienst OHG

© WDV Wirtschaftsdienst
Gesellschaft für Medien &
Kommunikation mbh & Co. OHG,
60055 Frankfurt, Postfach 11 20 41

Gestaltung: KES Grafikdesign
GmbH München,
Michael Ewerbeck und
Dieter Strothmann.
Generalkarte Mairs Geografischer
Verlag Stuttgart,
Blatt 2, 3, 4, 5, 6, 7, 9
Satz: kes München
Lithographie: Repro Stegmüller,
München
Gesamtherstellung:
Druckhaus Münster, Kornwestheim
ISBN: 3-926181-20-6

Bäume auf nicht öffentlich zugänglichem Privatgrundbesitz bedürfen bei Besichtigung der Zustimmung des Eigentümers.

**) Weist darauf hin, daß das Baumalter durch Messung bestimmt wurde.

Titelbild: Eiche in Worpswede
Foto: Prof. Fröhlich

Über dieses Buch

Es scheint so, als würde die Welt immer ärmer an Wundern, immer mehr von Sachlichkeit geprägt und immer stärker in Zahlen und Nummern eingeengt. Dies ist aber nur Schein! Die Wunder des Lebens ruhen in der Natur, in der Schöpfung, oft in den kleinen Dingen, aber auch in so großen Gestalten wie den alten Bäumen. Man muß sie nur erkennen können, nicht nur sehen, sondern beobachten, erleben und begreifen wollen, dann wird die Welt wieder interessant, das Leben bunt und hoffnungsvoll, die Gegenwart lebendig und die Zukunft erstrebenswert.

Dieses Büchlein soll zum Nachdenken und bewußten Erleben anregen, Frohsinn und Fröhlichkeit vermitteln, aber auch bewahren und gestalten. Und dazu tragen die Geschichten alter Bäume bei. Denn diese alten Recken können uns viel erzählen von guten und schweren Zeiten, vom Beharren und Aushalten, vom Leiden, Wachsen und Blühen. Sie können uns Hoffnung und Ansporn geben, Vergleiche ziehen und werten lassen, die Augen nach innen und außen öffnen und sogar mit uns reden, wenn wir nur wollen.

So ein alter Baum ist etwas Wunderbares. Seit Jahrhunderten steht er unverrückbar auf seinem Platz. Jahr für Jahr legt er einen neuen, ganz schmalen Ring um seinen Stamm, immer fest, gediegen und sorgfältig zubereitet, so daß der eine sich auf den anderen verlassen kann, jahrzehnte-, ja sogar jahrhundertelang. Dabei liegt in seinen Jahrringen kein Gleichmaß wie bei einer Maschinenkonstruktion, aber Gleichmaß in der Zielstrebigkeit und in der Verläßlichkeit der Weiterentwicklung. Wie unterscheidet er sich doch gegenüber vielen menschlichen Handlungsweisen!

Ein alter Baum ist ein Wunder

Der alte Baum stellt auch die lebendige Verbindung zwischen Vergangenheit, Gegenwart und Zukunft dar. Es gibt viele alte Bäume, unter denen Herrscher vor Hunderten von Jahren zu Gericht saßen, Feldherren lagerten oder Dichter und Gelehrte nachdachten. Heute leben sie noch voller Kraft und weisen mit ihren Blättern und Blüten auf kommende Jahrzehnte hin. Wenn wir einen alten Dom, eine Burg oder ein Schloß bewundern, dann fühlen wir uns immer in die Zeit ihrer Entstehung zurückversetzt – bei

einem alten Baum erleben wir die vergangenen Jahrhunderte ebenso wie den heutigen Tag und sind von der Zukunft überzeugt.
Ein alter Baum ist ein Wunder und wird es bleiben, solange wir Bäume wirklich alt werden lassen, sie schützen und ihnen helfen, wenn wir sie nicht mit unserer Unvernunft, unserem Abwenden von der Natur leiden und sterben lassen.
Mit dieser Baumsammlung Niedersachsen wollen wir Sie an alte Bäume heranführen, Sie sie erleben lassen und sie gleichzeitig an die Gesetze der Natur erinnern. Dieser Baumführer soll keine „Einbahnstraße" sein, die nur aus alten Bäumen besteht. Man soll die „Alten" richtig suchen, oft auf abenteuerlichen Wegen und vor allem soll man sie erleben. Das ist unser Wunsch.

Die Bäume wurden nach folgenden Grundsätzen ausgewählt:

– hohes Alter, das weit über das wirtschaftliche Nutzungsalter hinausgeht,
– besondere Größe und Gestalt, so daß die Bäume in Höhe und Stammdurchmesser die normal bekannten Ausmaße überschreiten und durch Wuchs- und Erscheinungsformen eine imponierende Gestalt einnehmen,

– besondere Wuchsformen, die vom Normalbau der Baumart erheblich abweichen, z.B. bizarre Wuchsformen, Verwachsungen, mächtig ausladende Kronen, Mutationen wie ahornblättrige Esche o.ä.,
– historische Hintergründe, z.B. Gerichts-, Galgen- und Opferbäume oder Beziehungspunkte zu geschichtlichen Ereignissen,
– Seltenheit, seltene Arten mit herausragender Wuchsleistung oder besonderer Schönheit wie alte Eiben, Elsbeere, Speierling oder Wildobstarten.
Besonders erstrebenswert sind Kombinationen der verschiedenen Typen.

Viele Menschen haben uns bei dem Aufsuchen unterstützt:

– Mitarbeiter der Niedersächsischen Forstverwaltung
– Waldbesitzer
– Mitarbeiter der Naturschutzbehörden
– Mitglieder der Schutzgemeinschaft Deutscher Wald
– Baumfreunde, die die früheren Bände „Wege zu alten Bäumen“ gelesen haben.

Wir danken ihnen allen!

Die Sammlung wurde wiederum von Nord nach Süd, getrennt nach Regierungsbezirken, Landkreisen und kreisfreien Städten aufgebaut und kartenmäßig festgehalten. Ein Ortsregister erleichtert das Auffinden.

Sollten Sie Fragen haben, so wenden Sie sich an die Schutzgemeinschaft Deutscher Wald, ihre Kreis- und Ortsverbände oder an die Naturschutzbehörden und an die Forstdienststellen. Sie werden Ihnen gerne helfen.

Zentrale Ansprechpartner:

Schutzgemeinschaft Deutscher Wald, Landesverband Niedersachsen, Marienstraße 3, 30171 Hannover, Tel.; 0511/14983.

Kuratorium Alte liebenswerte Bäume in Deutschland e.V., Wandersmannstr. 60, 65205 Wiesbaden, Tel.: 0611/711471, Telefax: 0611/713268.

Inhaltsverzeichnis

Nachfolgende Kürzel stehen für:

NSG	Naturschutzgebiet
NP	Naturpark

Der Baum als Symbol

Baumrecken zwingen Ehrfurcht ab und lassen Geschichte lebendig, Gegenwart wichtig und Zukunft lebenswert erscheinen. Sie können Freunde des Menschen werden, uns viel sagen, vor allem Natur und Schöpfung uns nahebringen, zum Nachdenken anregen, die Alltagshektik dämpfen und zudem auch Freude ausstrahlen und Lebensmut geben.
Alte Bäume sollen auch Mahner sein, die Gesetze der Natur zu erkennen und zu wahren und das Leben nicht nur unter technischen oder materiellen Aspekten zu sehen. Sie sollen uns Kraft und Hoffnung geben, die Zukunft zu meistern, das Spannungsfeld zwischen Ökonomie und Ökologie in Einklang zu bringen, mit Tatkraft nach vorne zu wirken, frei vom Augenblick mit guten Zielen und Wegen.

Schließen wir uns Hermann Hesse an:

„Bäume sind Heiligtümer. Wer mit ihnen zu sprechen, wer ihnen zuzuhören weiß, der erfährt die Wahrheit. Sie predigen nicht Lehren und Rezepte, sie predigen, um das einzelne unbekümmert, das Urgesetz des Lebens".

Freunde brauchen die Bäume mehr denn je, da der Wald unter der Unvernunft des Menschen leidet und mancherorts schon stirbt. Vielleicht gibt es schon bald keine Baumveteranen mehr, jene mächtigen, starken Gestalten, die jahrhundertelang Sturm, Regen, Eis und Hitze getrotzt haben und nun in ganz kurzer Zeit von dem Ausstoß der Fabriken, Heizkraftwerke, unserer Häuser und Autos krank werden.

Man muß mit Kurt Tucholsky fragen:

„Ein alter Baum ist ein Stückchen Leben. Er beruhigt. Er erinnert. Er setzt das sinnlos heraufgeschraubte Tempo herab, mit dem man unter großem Geklapper am Ort bleibt. Und diese alten Bäume sollen dahingehen, sie, die nicht von heute auf morgen nachwachsen? Die man nicht „Nachliefern“ kann?“

Einen alten Baum kann der Mensch nicht ersetzen. Seine Persönlichkeit wurde in Jahrhunderten geprägt und entsteht nie wieder. Häuser, Schlösser oder auch Dome lassen sich rekonstruieren. Ein Baum läßt sich nicht zwingen und auch bei bester menschlicher Technik nicht wieder aufbauen.

Wald und Baum in Niedersachsen

Die Naturräume Niedersachsens zeichnen sich durch eine große Vielfalt aus, deren Schönheit immer wieder neu und überraschend hervortritt und die Menschen anzusprechen weiß. Es gibt keinen ursprünglichen Wald mehr, die Forsten wurden von Menschen geformt und doch oder vielleicht wegen der Stetigkeit waldbaulichen Handelns sind die Wälder so ansprechend vielseitig und abwechslungsreich. Man kann die Zusammenhänge nur erkennen, wenn man sich mit der Waldgeschichte analytisch und gesamtschauend befaßt.

Wie in allen Teilen Deutschlands war der Wald bis ins späte Mittelalter und in der ersten Hälfte der Neuzeit so eng mit der Landwirtschaft verknüpft, daß er sich nicht eigenständig entwickeln konnte. Für das Vieh war er eine notwendige und wichtige Ernährungsgrundlage – Tausende von Rindern, Schafen, Ziegen und Schweinen wurden in den Wald getrieben – selbst Hühner und Gänse fanden hier ihre Nahrung. Das Laub wurde als Streu und Winterfutter gesammelt, ebenso mußten junge Reiser mit ihren Blättern gedörrt und für die vegetationslose Zeit als Nahrung getrocknet werden. Laubbäume wurden geköpft, um breite Kronen auszubilden, die mehr Eicheln und Bucheckern produzieren konnten. Diese Mastbäume standen in weitem Abstand, unter ihnen kam kein Aufwuchs hoch, weil er sofort vom Weidevieh verbissen wurde.

Das Holz war fast der einzige brauchbare Rohstoff. Mit ihm wurden Häuser und Ställe gebaut, Möbel gezimmert und die Energieversorgung umfassend sichergestellt. Es ist deshalb nicht verwunderlich, daß die Wälder licht, vorratsarm und überaltert waren. Trotzdem hatte sich ein gewisses Gleichgewicht eingependelt, so lange zwei bis vier Menschen auf einem Quadratkilometer lebten.

Dieses Gleichgewicht änderte sich zu Beginn der Vorindustrialisierung und zur Zeit des Merkantilismus schlagartig. Zunehmende Bevölkerungsdichte, Handel und Wirtschaft beanspruchten die Wälder so unvorstellbar stark, daß das Land zu Beginn des 17. Jahrhunderts vor der Entwaldung stand. Im Flachland war sie auf den leichten Böden bald erreicht.

In der zweiten Hälfte des 18. Jahrhunderts soll es mit Ausnahme der Jagdgebiete keine geschlossenen Waldbestände mehr gegeben haben. Selbst entfernte, schwer zugängliche Bergwälder wie der Harz wurden durch Bergbau, Köhlerei, Salinen oder Glasfaktorei vernichtet. Eine traurige Bilanz!

Auch im 18. und 19. Jahrhundert kam es zu keiner konzentrierten, zentralistischen Waldpolitik mit großen Aufforstungsprogrammen, so daß um 1900 allein nur für die Provinz Hannover eine Fläche von über 1 Mio. Hektar Ödland nachgewiesen wurde. Lediglich im Harz hat der Bergbau ab der Mitte des 18. Jahrhunderts künstliche Waldbegründungen veranlaßt, weil ihm sonst alle Wirtschaftsgrundlagen entzogen worden wären. Aus dieser Zusammenarbeit, die sich auch in anderen Bergwerksgebieten bewährte, erwuchs die heute noch enge Verbindung zwischen Berg- und Forstleuten.

Die niedersächsische Forstgeschichte unterscheidet sich mit ihrer massiven Entwaldung und ihrer späten Aufforstungspolitik ganz wesentlich von der anderer deutscher Länder. Sie war gezwungen, schwierige und oft ungewöhnliche, zum Teil von den natürlichen Wuchsbedingungen stark abweichende Wiederbewaldungswege einzuschlagen. Hieraus erklären sich auch die großen Kieferaufforstungen in der Heide und in der norddeutschen Tiefebene oder die Verfichtung des Harzes, in dem ursprünglich die Buche bis in die höheren Mittellagen dominierend zu Hause war, während in den Hochlagen die Fichte von Natur aus aufwuchs.

Wenn manche Kritiker den künstlichen Waldaufbau auch anprangern oder die Sturmkatastrophen der 70er Jahre auf Monokulturen zurückführen wollen, wo Orkane 110.000 Hektar und 17 Millionen Festmeter Holz warfen, dann ignorieren sie forstgeschichtliche Kenntnisse und verkennen die großen Leistungen der Waldbesitzer und Forstleute um die Wiederherstellung einer Landeskultur, wie sie heute auf 22 % der Landesfläche durch meist vielgestaltige Wälder dokumentiert werden. Die Geschichtsschreibung wäre unvollständig, wenn man nicht zudem dem Einfluß der Jagd zur Erhaltung der Wälder nachspüren würde. Nur das fürstliche Jagdregal hat mancherorts zusammenhängende Waldflächen und vor allem alte Bäume bewahrt. Hier wurden bäuerliche und gewerbliche Eingriffe abgewehrt und der Wald dem Wild gewidmet, nicht nur wegen weidmännischer Ambitionen, sondern auch um den Hof mit Fleisch zu versorgen. Wir verdanken dieser Entwicklung herrliche Altbestände wie im Saupark Springe oder im Solling.

Die Waldfläche des Landes nimmt mit 1,1 Mio. Hektar 22 % der Landesfläche ein. Der größte Teil mit 49 % gehört rund 48.000 privaten Waldbesitzern, von denen nur 1/4 der Betriebe auf über 100 Hektar kommen. 3/4 der Fläche fallen auf Betriebe mit durchschnittlich 6 Hektar Fläche, also eine ungewöhnlich hohe Aufsplitterung des Waldbesitzes.

An zweiter Stelle stehen die Landesforsten mit 32 % der Waldfläche. Die Körperschafts-, Kommunal-, Kloster- und Genossenschaftsforsten kommen auf 15 % und der Bund besitzt mit seinen ausgedehnten Truppenübungsplätzen 5 %.

Das Nadelholz dominiert mit 62 %, davon Kiefer 35 %, Fichte 22 % und Lärche 5 %. Das Laubholz wird von der Buche mit 17 %, der Eiche mit 9 % und sonstigen Laubbaumarten mit 12 % geprägt. Der Holzeinschlag mit 3,1 Mio. Festmetern oder 2,9 Kubikmeter je Hektar zeigt deutlich die Kennzeichen eines – geschichtlich bedingten – Aufbaubetriebes.

Auch die niedersächsischen Wälder leiden sehr stark unter der Luftverschmutzung. Bilder des Grauens sind im Hochharz Mahnung und zugleich Aufforderung zu einer konsequent ökologisch ausgerichteten Umweltpolitik.

Die Waldlandschaften Niedersachsens präsentieren sich in ihren Unterschieden, die durch klimatische, geologische und orographische Komponenten gestaltet werden, sehr vielseitig und interessant (siehe Karte Seite 187).

Das Bergland im Süden Niedersachsens – vom Kaufungerwald über Solling bis zum Harzvorland – ist eigentlich ein Hügelland. Auf seinen Muschelkalkböden kommen die reichhaltigsten Baum-, Strauch- und Krautgesellschaften vor, so wächst die Buche neben Edellaubhölzern und auch die Eibe findet hier ihre Heimat. Auf Keuper und Buntsandstein wachsen kraftvolle Buchenwälder, aber auch wüchsige Fichtenpflanzungen. Besonders reizvoll ist das Wechselspiel zwischen Wäldern, Wiesentälern und Bachauen.

Nach Osten schließt der Harz an. Dieses Mittelgebirge, das auf über 900 m ansteigt, gilt als besonders rauh. Auf Böden aus dem Erdaltertum – Grauwacke und Tonschiefer, daneben einige reichere Gesteine wie Diabas und Gabbro – wachsen auf den wärmeren Hängen noch Buchen bis auf 700 m Seehöhe. Der Hochharz und kältere Lagen werden von der Fichte beherrscht. Von den urwüchsigen Fichtenvorkommen leben noch altehrwürdige Restbestände, so die Dicken Tannen von Hohegeiss (Nr. 210) oder die Urfichten am Oderteich (Nr. 207) und viele mehr.

Der Harz ist ein bevorzugtes Erholungsgebiet, vor allem, da jetzt auch der Brocken und der Ostharz zugänglich sind – er ist aber auch stark durch Walderkrankungen gefährdet.

Das Weserbergland, das an das südniedersächsische Bergland nach Norden angrenzt und sich entlang der Weser und Leine zieht, zeichnet sich durch herrliche Buchenwälder auf Böden der Meeressedimente von Jura und Kreide aus. Die starke Reliefbildung gibt herrliche Ausblicke über Berge und Täler, Wälder und Felder frei und fordert geradezu zum Wandern auf.

Die nordwestdeutsche Berglandschwelle bildet ein breites Band, das im Norden anschließt und von der Ostgrenze ins Braunschweiger Land bis zur Westgrenze nahe der Weser reicht. Im Norden grenzt sie der Mittelgebirgsraum zur Tiefebene ab. Die überwiegend vorkommenden Lößböden sind mit ihrer Fruchtbarkeit der Landwirtschaft vorbehalten. Der Wald ist inselförmig auf ärmere Standorte zurückgedrängt. Herrliche Lindenbestände und Eichenwälder sind zu erkunden.

Das ostniedersächsische Tiefland und die Lüneburger Heide sind allen Naturfreunden, Wanderern und Erholungssuchenden ein Begriff. Kiefer, Wacholder und Heidekraut bilden die Insignien einer

Landschaft, die von der Eiszeit geprägt und geformt wurde. Ursprünglich waren Eichen, Buchen und Kiefern hier gemeinsam heimisch. Der Raubbau war jedoch so groß, daß nach einer Beschreibung um 1800 das Land einer tartarischen Steppe glich, auf der kaum ein Schaf mehr seine Nahrung fand. Erst die Neubegrünung mit der anspruchslosen Baumart Kiefer führte wieder zu Wäldern, verhinderte weitere Aushagerungen und machte es möglich, in der zweiten Waldgeneration auch Mischbestände aus Buchen und Eichen aufzubauen, wie es in den letzten Jahren sehr eindrucksvoll verwirklicht wurde.

Das mittelwestniedersächsische Tiefland wurde von den älteren Eiszeiten geformt, ist stärker eingeebnet und seine Böden sind mehr verarmt. Das breite Band erstreckt sich von der Ems über Hunte und Weser bis nach Hamburg und ist von Geesten geprägt. Die atlantische Klimaausbildung gibt je nach Bodengüte verschiedenen Baumarten gute Lebensbedingungen. So kommen auf lehmiger Grundmoräne Eichen und Buchen, auf sandigen Böden Kiefern vor, und wegen der milden, regenreichen Sommer und schneearmen Winter können auch Baumarten aus meeresgeprägten Regionen wie Douglasie, japanische Lärche oder Tannenarten gut gedeihen.

Der niedersächsische Küstenraum ist der waldärmste Bezirk mit nur wenigen und meist kleinen Wäldern. In Ostfriesland findet man eine waldbauliche und dendrologische Rarität – die Weißtannenwälder mit starken Altbäumen, guter Naturverjüngung und einprägsamer Vergesellschaftung mit Buche und Fichte. Ein vielbesuchtes Mekka ist das ostfriesische Forstamt Erdmannshausen.

Wald und Natur bilden in Zielsetzung, Planung und weitgehend auch in der Verwirklichung eine Einheit. Die Wiederaufforstung der Ödländereien in den letzten 150 Jahren hat Bestände entstehen lassen, die wieder Lebensräume für Pflanzen und Tierwelt schufen. In Buchenwaldgesellschaften, die im niedersächsischen Bergland ihr natürliches Optimum finden, konnten insgesamt etwa 3.900 folgender Tierarten registriert werden: 27 Säugetier-, 70 Vogel-, 560 Spinnen-, 1.550 Käfer-, 1.350 Schmetterlings- und 380 Wurmarten.

Die Forstverwaltung führt ihre Naturschutzarbeit durch Aufbau von Mischwaldbeständen, Verlängerung der Umtriebszeit der Baumarten und durch ihr Naturwaldreservatprogramm konsequent weiter. Mit ihm werden für alle wichtigen Waldgesellschaften auf 3.600 Hektar „Urwälder von morgen" geschaffen, in die der Mensch nicht eingreift.

In den Wäldern findet man noch eine große Anzahl altehrwürdiger Bäume, vor allem in den Bannwäldern und in den ehemaligen Hofjagdrevieren. Sie sind zusammen mit den Bäumen der Feldflur und der Siedlungsgebiete im Registerteil aufgelistet. Einige davon wollen wir hier hervorheben. So dürfte die Linde von Upstedt (Nr. 150) zu den ältesten Bäumen Deutschlands zählen und über 1000 Jahre alt sein. Interessant ist die Feststellung, daß sie seit Jahrhunderten hohl ist. Eine der stärksten Linden Deutschlands ist die Kaiser-Lothar-Linde in Königslutter (Nr. 198). Bei einer Höhe von 27 Meter kommt ihr Stammumfang auf 1150 cm und ihre Baumkrone legt auf 30 Meter aus.

Sehenswert sind auch die Dicken Tannen von Hohegeiss (Nr. 210), ein Relikt aus der urwüchsigen Fichtenbestockung des Harzes, die wegen der Unzugänglichkeit des Hanges nicht gefällt werden konnte.

In viele Länder der Erde werden die Süntelbuchen (Nr. 121, 122, 124, 125) verschenkt, weil sie so abnorme Wuchsformen hervorgebracht haben. Weder Stamm noch Zweige oder Wurzel vermögen – wie andere Buchen – gerade zu wachsen. Sie haben Freude am Knick und Schwung.

Es gibt sogar noch Urwälder in Niedersachsen. Nur sind dies keine urwüchsigen Wälder, sondern vom Menschen geformte Waldbestände, die aus der alten landwirtschaftlich geprägten Hute- (auch Hude-) Zeit stammen, wo man Bäume weitständig pflanzte und sie köpfte, damit sie regelmäßig viele Früchte trugen. Aus dieser Periode sind die nebenstehend aufgeführten Gebiete erhalten geblieben – als Zeugen einer schweren Zeit für den Wald.

Urwald Hasbruch (Nr. 13)
Neuenburger Urwald (Nr. 3)
Tinner Loh (Nr. 8)
Urwald Baumweg (Nr. 9)
Urwald Herrenholz (Nr. 21).

Linde von Upstedt**

Sie soll als erster Baum beschrieben werden, weil sie möglicherweise der älteste Baum Niedersachsens ist, zumindest ist er einer der interessantesten, schon deshalb, weil die Linde schon seit Jahrhunderten hohl ist und immer noch grünt.

Die alte Sommerlinde steht inmitten der Dorflage von Upstedt, heute ein Ortsteil der Stadt Bockenem westlich des Harzes. Im winterkahlen Zustand sieht sie aus wie ein Monument aus Holz einer surrealistischen Kunstrichtung, aufgerichtete Wände, gebogen, gekrängt, mit Intarsien durchsetzt, mit erhabenen Figuren verziert, durchbrochen, modelliert und immer hohl mit vielen Toren und Luft- und Lichtlöchern. Dieses Kunstwerk mißt 4 m im Durchmesser, 5 m ragt die Gestalt auf und kommt mit den fein aufgesetzten Ästen zu einer Höhe von 8 m.

Die Linde wird auf über tausend Jahre geschätzt. Manchmal erklärt man sie zur ältesten Linde Deutschlands oder gar der Welt. Keiner kann den Baum mehr auf sein Alter hin vermessen. Ist es denn wirklich so wichtig?

Wichtig ist aber, daß dieser Stumpf eines ehemals gewaltigen

Baumes auch ohne den stützenden Innenstamm praktisch mit der Rinde lebt und jährlich hoffnungsvoll grünt. Bäume können uns hoffen lassen!

Der Name könnte mit dem Wort Thie = Versammlungsort zusammenhängen. Die Upstedter nennen sie auch Dicke Linde und Tausendjährige Linde. Um ihr Alter wird es immer Streit geben. Heimatforscher und Geschichtsschreiber bringen sie in Verbindung mit der Christianisierung der Upstedter Bewohner, die in 850 festgehalten wurde, und begründen dies mit dem in unmittelbarer Nähe stehenden Gotteshaus. Dann wäre die Linde über 1100 Jahre alt. Auch das Forstbotanische Merkbuch von 1907 hält sie für einen Marienbaum. Unwahrscheinlich ist dies nicht. Denn nach der Fällung der heiligen Donareiche durch Bonifatius pflanzten die Priester zum Zeichen der Bekehrung Linden an, sehr oft auf alten Thingplätzen, die sie ebenfalls in das christliche Brauchtum übernahmen.

Um 1100 wird die Linde urkundlich erwähnt und soll damals 250 Jahre alt gewesen sein. Später wurde sie Gerichtslinde – Versammlungslinde war sie immer bis heute zum Totensonntag. Mielck wußte 1863 sehr interessant zu berichten: „Auf der Tiete zu Upstedt bei Bokenem steht eine seit Menschengedenken schon hohle Linde von 48 Fuß Umfang (13,7 m) über der Erde, von 31 Fuß (8,9 m) in Brusthöhe und 62 Fuß (17,7 m) Höhe“.

Es muß ein mächtiger, gesunder Baum gewesen sein, der erst 1935 abgestützt und dreiundzwanzig Jahre später gründlich saniert wurde, wobei die Krone sehr stark zurückgenommen wurde. Diese Arbeiten übernahm der bekannte Baumpfleger Michael Maurer aus Nürnberg.

Die baumchirurgischen Maßnahmen kosteten damals rund 2.500 DM, wobei die Baumchirurgenstunde mit 5,50 DM und die Motorsägenstunde mit 4,50 DM veranschlagt worden war. Die Linde wird im Upstedter Gemeindewappen geführt.

Katalog Nr. 150

Heeder Riesenlinde**

Sie dürfte wohl der stärkste Baum Niedersachsens sein.

Man kann sie fast nicht beschreiben, so gewaltig, so geheimnisvoll und so explosiv wirkt diese Winterlinde, die tausend und mehr Jahre alt sein kann, 26 m hoch gen Himmel ragt und einen Stammumfang von fast 17 m erreicht. Man braucht mindestens zehn ausgewachsene Männer, um diesen Wall aus Holz zu umgreifen.

Die Krone wird, kurz über dem Boden geteilt, von 13 starken Stämmen gebildet, deren Laub- und Astdach den alten Burgplatz auf fast 40 m überspannen – eine gewaltige Auslage. Der Stamm steht auf ungezählten Stelzwurzeln, die zu einem verbeulten, knorrigen Stammfuß zusammengewachsen sind. An den runzeligen und verkrumpelten Stämmen wachsen Gnomköpfe und mannigfache Figuren. Bei trübem Winterhimmel können die Auswüchse und Wucherungen des unteren Stammkranzes wie Figuren aus der Unterwelt wirken, die in hartem Kampf stehen.
Aus dem hohlen Stamm und von den alten Starkästen sprossen junge Triebe tatkräftig aufwärts, deren Spitzen wie Finger vieler Hände zum Himmel greifen.
Heede, ein Ortsteil der Samtgemeinde Dörpen, liegt an der Ems. Der Ort ist nicht nur wegen seiner eigenartig ansprechenden Landschaft, sondern auch wegen der uralten Kirche mit der Gnadenmadonna und selbstverständlich wegen der Linde sehenswert. Sie

wächst auf dem Burghof der ehemaligen Schärpenburg, die 1467 erbaut worden war, quasi um die Linde herum. Im zweiten holländischen Krieg wurde die Burg 1673 eingeäschert. Der holländische General hatte seinen Soldaten streng verboten, die damals wohl schon auffallende Linde zu beschädigen.

Katalog Nr. 6

Süntelbuchen - im Ursprungsland Niedersachsen

Der Süntel, ein Höhenzug des Weserberglandes, zwischen Hameln a.d. Weser, Hessisch Oldendorf im Süden und Bad Münder bis Lauenau im Norden, brachte eine dendrologische Kostbarkeit hervor. Von den einen als optimaler, seiner Umgebung angepaßter Baum gepriesen, von anderen als Teufelszeug verfolgt und fast ausgerottet, wissenschaftlich vielfach bearbeitet und andererseits als Strahlenprodukt mystifiziert, rückt diese Baumform immer wieder in den Mittelpunkt verschiedener Interessenlagen. Man stellte zahlreiche Exemplare unter Naturschutz, verschiedene Baumliebhaber vermehrten sie durch Saat, andere vegetativ über Pfropfungen, man legte neue Kulturen an und schützte Vorkommen durch Reservate. Fest steht, daß dieser Baum seine Heimat im

Süntelgebirge fand, trotzdem findet man ihn auch auf weiteren zahlreichen Standorten in Deutschland, vielfach in Schloßgärten, Parkanlagen und auf geschichtlich bedeutsamen Plätzen. So sind allein in Niedersachsen etwa 25 ältere Fundorte bekannt. In Hessen gibt es vier bekannte Vorkommen, auch in Nordrhein-Westfalen und in Sachsen stößt man auf Vorkommen und in den letzten Jahrzehnten wurden auf Initiative von Forstleuten und Gärtnern zahlreiche Nachzuchten vergeben.
Ein begehrter und von Mythen umrankter Baum!
Wir sprechen von der Süntelbuche. Ihre Blätter, Blüten und Früchte sind identisch mit der allgemein verbreiteten Buche – Fagur sylvatica L. Nur in ihrer Wuchsform unterscheidet sie sich von der Mutterart ganz erheblich und auffällig. Ihr Stamm bleibt kurz und ist stark gedreht – gerade, stolze Stämme vermag sie nicht auszubilden. Drastisch abweichend ist auch ihr Zweigwuchs. Kein Ast – ist er auch noch so stark – und kein schwaches Zweiglein vermögen auch nur auf kurzer Strecke gerade zu wachsen. Ihr Astwerk ist gewunden

Süntelbuchen auf dem Dachtelfeld – Nr. 124

und gedreht, voller Krümmungen, schlangenartigen Windungen und Biegungen. Oft reicht ihre Krone bis zur Erde herab, sie bildet einen schützenden Baldachin, der sich nicht selten am Rande wieder bewurzelt. Im Sommer entwickelt sie ein eng geschlossenes Laubdach, durch das oft kein Sonnenstrahl zu dringen vermag. Im winterkahlen Zustand erkennt man ihren schlangenartigen Aufbau am besten. Ähnlich wie der oberirdische Aufwuchs verhält sich auch ihr Wurzelwerk.
Was können die Ursachen für dieses abnorme Wachstum sein? Nicht der Standort, nicht sich kreuzende Strahlenfelder oder Wasseradern, nicht im Holzkörper eingebaute Lichtsensoren – wie vermutet und niedergeschrieben – sondern nur eine genetische Veränderung, die man Mutation oder Erbsprung nennt, können diese Abweichungen erklären. Die Erbanlagen, die Wachstum und Gestalt steuern, haben sich verändert, ebenso wie es von manch anderen Baumeigenschaften bekannt ist, beispielsweise die Schlitzblättrigkeit oder die rote Farbe der Blutbuchen. Daß bei einer Kreuzbestäubung mit normalen Buchen aus den Eckern der

Süntelbuchen wieder normale Buchen entstehen, ist ganz selbstverständlich und hat nichts mit Modifikationen oder Umwelteinflüssen zu tun. Die Analyse des Erbganges ist bei langlebigen und spät fruktifizierenden Lebewesen wie den Bäumen nur nach langen Untersuchungsreihen zu erarbeiten, das erklärt den bisher nicht aufgedeckten Erbmechanismus.
Die Süntelbuchen haben früher in ihrem Ursprungsgebiet undurchdringliche Wälder gebildet. So wurde im Winter 1842/43 in der Westeregge ein Süntelbuchenwald von 230 Hektar bei der Aufteilung innerhalb der Genossenschaft vollständig vernichtet. Die Waldbauern stöhnten bei der Aufarbeitung des „Krüppelholzes", das sie auch „Teufelsholz" nannten, weil das Gestrüpp schier undurchdringlich war und das Holz sich nicht spalten ließ. Die heute vorhandenen Altbäume sind dem Massaker als Einzelbäume entronnen.
Sehenswert sind insbesondere
– die Süntelbuche bei Raden – Nr. 122
– die Süntelbuchen auf dem Dachtelfeld – Nr. 124 oder
– die Süntelbuche im Volkspark von Lachenau – Nr. 121

Süntelbuche bei Raden – Nr. 122

Nr. 121, 122, 124, 125

– die Süntelbuche in Bad Münder – Nr. 125.

Bäume im Saupark Springe **

Der weitbekannte Saupark Springe belegt die so häufig getroffene Feststellung, daß in Europa die Jagd mit mächtigen alten Bäumen verbunden ist. Insbesondere in den Hofjagdrevieren, aber auch in anderen Jagdgebieten pflegten Jagdherren und Jäger markante alleinstehende Bäume, Alleen und weitständige Altbestände und bewahrten sie vor dem frühen Einschlag. Natürlich waren Naturfreunde und -verbundenheit mitbestimmend, aber auch die Sorge um die Ernährung des Wildes und Fragen des Jagd-Brauchtums, also der guten, sich weiterentwickelnden Tradition.
Unter alten Bäumen und Hainen legte man Strecke, rastete, frühstückte, feierte und traf sich zu Beginn der Jagd.
In der Regierungszeit von König Wilhelm IV., 1830 bis 1837, der gleichzeitig die Krone Englands trug, fiel die Entscheidung, vor den Toren Hannovers einen Wildpark einzurichten und diesen zur Vermeidung von Wildschäden im Feld durch eine stabile Mauer abzusichern. Sie wurde, 7 Fuß hoch – 2,04 m – und 0,58 m stark auf 16,3

km Länge, innerhalb von drei Jahren in Unternehmereinsatz gebaut und schloß ein Areal von 1650 Hektar ein.
Der Nachfolger Ernst August von Hannover ließ 1838 bis 1842 das Jagdschloß errichten, das heute als Jägerhof und Jagdmuseum zu besichtigen ist.
Zu Anfang dieses Jahrhunderts wurde der Saupark um das mit Drahtgatter abgesicherte Brüninghäuser Revier um 700 Hektar vergrößert.
Der Saupark war in seiner langen Geschichte wechselhaft mit verschiedenen Wildarten bestückt, vor allem kamen Schwarz- und Rotwild vor, zeitweise auch Altaihirsche, dann Dam- und zuletzt auch Muffelwild.
In der Hannoverschen Zeit unterstand das Wildgebiet direkt dem König, der hier seine bekannten Hofjagden mit viel Stil und Glanz abhielt. Abschußergebnisse von 100 bis 200 Sauen je Hofjagd waren durchaus nicht selten.
Die Preußen übernahmen 1866 auch den Springer Saupark und unterstellten ihn unmittelbar der Jagdverwaltung des Königs. Der Jagdbetrieb lief streng weiter, nur das Zeremoniell wurde preußischer. Nach 1871 rückte er zum

Büschelbuche im Saupark Springe - Nr. 113

Kaiserlichen Jagdrevier auf. Die letzte Kaiserjagd wurde von Wilhelm II. am 23. November 1912 abgehalten. Zu den Jagdgästen gehörte der österreichische Thronfolger Erzherzog Franz Ferdinand, der zwei Jahre später dem Attentat in Sarajevo zum Opfer fiel, was zum Ausbruch des Ersten Weltkrieges führte. Die 350jährige Eiche seines Standplatzes in Abteilung 86b trägt noch heute seinen Namen.
So blieb der Saupark auch in der Weimarer Zeit, im Dritten Reich und in der Demokratie ein traditionsbewußtes, gepflegtes Jagdrevier. Jedoch zeigte es sich nicht abgeschlossen und menschenfeindlich, sondern war mit vielen Wanderwegen durchzogen und blieb attraktiv naturverbunden durch seinen Wildpark, sein Wisentgehege und insbesondere durch seine vielen alten Baumrecken.
Die Einrichtung des Wisentgeheges, durch die Preußische Forstverwaltung veranlaßt, war eine besonders hervorzuhebende kulturpolitische Tat. Die freilebende Wisentherde in Bialowies war fast vollständig den Wirren der russischen Revolution 1917/18 zum Opfer gefallen. Die Preußische

Forstverwaltung und das Amt für Naturdenkmalpflege, das auch dem Reichsforstamt unterstand, gaben der geringen Zahl von Wisenten in Springe eine Überlebenschance. Der Direktor des Berliner Zoologischen Gartens – Prof. Lutz Heck – übernahm die wissenschaftliche Betreuung. Heute umfaßt der registrierte Wisentbestand weltweit über 2000 Tiere und ist damit aus den Sorgen heraus.Die Alteichen im Wisentgehege sind Relikte eines Hutebestandes – ca. 300 Jahre alt, mit Höhen bis zu 25 m und Stammumfängen bis 500 cm. Ins Auge fallen ihre teilweise bizarren Formen und ihre Verwachsungen.

An der Wildwiese in Altenhagen – Abteilung 30 – findet man den Repräsentanten einer interessanten Form der Buchenwirtschaft, die Büschelbuche im Saupark. Sie wurde 1781 gepflanzt, nicht als kleiner einzelner Sämling, sondern in einem Bündel mit vier weiteren Jungpflanzen, um möglichst schnell große Kronen wie erwachsene Bäume zu erzielen, die einen regelmäßigen starken Fruchtansatz erbringen können. Das eingetriebene Vieh sollte satt werden.

Eichen im Saupark Springe - Nr. 112

Vier solcher Büschelbuchen stehen um diesen Platz. Die auffallende Buche am Weg hat bei ihren mehr als 200 Jahren eine Höhe von 26 m und einen für eine einzelne Buche ungewöhnlich großen Stammumfang von 630 cm erreicht.

Nr. 112, 113, 114

Alteichen im Solling**

Der Solling, ein Mittelgebirge des Weserberglandes, verläuft ostwärts der Weser von Karlshafen bis zur Höhe von Holzminden. Er ist ein typisches Mittelgebirge, von Sandsteinen gebildet und von Löß überlagert, mit Ackerbau in den Tieflagen, darüber Wiesen und auf den Plateauflächen in 400 bis 500 m Seehöhe von Wäldern bestockt. Ursprünglich wuchsen hier Buchen-Eichen-Mischbestände, die jahrhundertelang dem Vieheintrieb und der Waldnutzung in Streu und Holz dienten, so daß sie weitgehend ausgeplündert worden waren. Vielfach mußten im 19. und 20. Jahrhundert die Flächen mit Fichten wieder in Kultur gebracht werden. Viele alte Bäume wurden zum Glück erhalten, vor allem ehemalige Eichen-Hutebäume und -bestände. Sie sind in den Solling-Wanderkarten gut markiert.

Heute trägt dieses große Waldgebiet je zur Hälfte Laub- und Nadelholzbestände, auch viele Mischbaumarten sind zu finden sowie alte Alleen. Bekannt ist die Eichenallee in Neuhaus. Die Abwechslung zwischen Feldern, Wiesen und Wäldern, Hochebenen und langgestreckten Tälern machen den Solling als Natur- und Erholungsgebiet – vor allem für stille Erholung – sehr interessant. Er ist von alters her bis heute ein gutes Jagdgebiet mit recht alter Tradition. Früher jagten hier braunschweigische Herzöge und hannoversche Könige. In den Wäldern leben heute Hirsche, Wildschweine, Muffel und Rehe. Die bewährte Verbindung zwischen Jagdbetrieb und alten Bäumen zeigt sich auch hier sehr deutlich.

Nr. 219 - 223

Die Missionseiche

Sie wächst unmittelbar hinter dem Forsthaus Brüggefeld – Forstamt Winnefeld -. Sie ist ein mächtiger Baum, 35 m hoch, mit einem walzenförmigen Erdstamm, der einen Umfang von 780 cm erreicht. Die Messungen von 1907 – Forstbotanisches Merkbuch – konnten nur einen Umfang von 670 cm erbringen. In 80 Jahren war bei diesem Alter immerhin ein Zuwachs

von 0,4 cm pro Jahr zu errechnen. Das entspricht einer Jahrringbreite von 2 mm. Die Krone ist tief angesetzt, einige starke Äste sind ausgebrochen, trotzdem weist sie noch einen Durchmesser von 28 m auf. Von einem 1981 in 7,5 m Höhe gebrochenen Ast wurde 2 m vom Stamm entfernt eine Scheibe entnommen. Sie hatte immer noch einen Durchmesser von 71 cm und zählte rund 300 Jahrringe. Man kann nicht ermitteln, wann dieser Ast angesetzt worden war. Vergleicht man Baumhöhe und Abstand der Scheibe vom Stamm und setzt sie in Relation zum Durchmesser des Baumes – 250 cm -, dürften 600 Jahre nicht zu gering veranschlagt sein.
Unter der Eiche wurden regelmäßig Missionsandachten abgehalten. Diese Treffen gaben ihr den Namen.
In dem gleichen Forstamt Winnefeld in Abteilung 138 findet man einen ähnlich starken und trotzigen Baum:

Katalog Nr. 221

Die Wilddiebseiche

Sie dürfte gleich alt sein, kommt in Höhe – 33 m -, Stammumfang – 650 cm -, Kronendurchmesser – 25 m – und Wuchsform fast an die Missionseiche heran.

Im Osten des Sollings, im Forstamt Seelzerthurm, Abteilung 163, trifft man auf einen bemerkenswerten Baumpatriarchen:

Katalog Nr. 220

Die Kaisereiche

Sie steht am Rande des Wald-Naturschutzgebietes „Alte Eichen“ und repräsentiert viele hervorstechende Bäume dieser Schutzfläche. Die Maße der Stieleiche bleiben im Rahmen der alten Sollingeichen: Höhe 29 m, Stammumfang 720 cm, Kronendurchmesser 24 m. Nur in der Form weicht sie ab. In 10 m Höhe zwieselt sie in zwei gleich starke Achsen auf, der Stamm trägt viele Köpfe, Kugeln und Gesichter, insbesondere einen auffallenden Wulst in 4 m Höhe. Darüber stehen waagerechte, ungewöhnlich starke Äste, während der obere Kronenansatz gen Himmel strebt. Ursprünglich waren es drei Königseichen, die nach den Kaisern des 2. Reiches benannt worden waren – Wilhelm I. wurde bereits 1905 gebrochen, Friedrich III. ist abgestorben, nur Wilhelm II. lebt heute noch und wird deshalb die Kaisereiche genannt. Nach dem Forstbotanischen Merkbuch von 1907 betrug ihr Umfang damals 650 cm. In 80 Jahren hat die Stieleiche einen Durchmesserzu-

wachs von 23 cm, das entspricht einer jährlichen Zunahme von 2,87 mm.
Im Süden des Sollings, im Forstamt Uslar, unweit des südlichen Stadtrandes von Uslar, sollte man einen mächtigen Baum nicht vergessen:

Katalog Nr. 219

Die Dunieeiche

Die 26 m hohe und umfangstarke (780 cm) Traubeneiche ragt über den geebneten Platz auf, der im 8. Jahrhundert die Dunieburg trug. Nach Kluges Etymologie bedeutet duna, dun, dune „Burg", auch Erd- oder Wallring, hinter der Wohnstätten liegen. Die Wälle waren zusätzlich durch Verhaue mit Dornen und Hainbuchen bewehrt. Später könnten solche Stützpunkte mit Burgen besetzt worden sein. Die Dunieburg, bis 1384 existierte ein Dorf gleichen Namens, kontrollierte den Handelsweg von der Mittleren Weser nach Uslar. Die Eiche ist sehr alt und kann Dunieburg durchaus erlebt haben.

Katalog Nr. 223

Dicke Tannen von Hohegeiss**

Man findet den Bestand, gut beschildert, unterhalb des Hotels Dicke Tannen. Nur sind es keine Tannen, sondern Fichten, ein Relikt der urwüchsigen Nadelholzbestockung des Hochharzes.

Seine Rettung ist um so erfreulicher und erstaunlicher, weil der Harz zur Verhütung der Erze abgeholzt worden war. Doch dieser Hang war zu steil und zu unzugänglich, als daß die Starkfichten transportiert werden konnten. Später, als die Fahrzeuge hierzu in der Lage waren, reichten die Durchmesser der Sägen nicht aus, um das Holz aufzuarbeiten. So blieben die autochthonen Fichten erhalten. 1893 erfaßte man noch 119 Bäume, 1977 waren es 60 und heute zählt man nur noch 53 Bäume.
Die Kronenform dieser Fichten ist durch Jahrhunderte den Schnee- und Eisbelastungen des Hochharzes angepaßt. Die einzelnen elastischen Äste liegen so übereinander, daß sie sich wie Schindeln abdecken und verhindern, daß Schnee und Eis in den Kronenraum eindringen und Schäden verursachen können. Nach Jahresringzählungen dürften die Fichten 300 bis 320 Jahre alt sein. Die berühmten urwüchsigen Harzfichten kommen auf Höhen von über 50 m!, Stammumfang in 1,3 m Höhe 510 cm, Kronendurchmesser 10 bis 12 m, die Holzmasse beträgt 52 Festmeter (= Kubikmeter).

Katalog Nr. 210

Kaiser-Lothar-Linde in Königslutter**

Königslutter, eine anmutige Kleinstadt mit winkeligen Straßen und Fachwerkhäusern, bildet das Eingangstor zu dem Naturpark Elm-Lappwald – „Norddeutschlands schönster Buchenwald" – und liegt zwischen Braunschweig und Helmstedt. Alte Geschichte und lange Tradition zeichnen den Ort aus, der in der vorchristlichen Zeit bereits ein befestigter Handelsort war, an dem der begehrte Elmkalkstein gehandelt wurde. Neben einem Königshof bestand lange Zeit ein Kanonissenstift, das Kaiser Lothar III. von Sachsen-Supplinburg 1135 in ein Benediktinerkloster umwandelte. Gleichzeitig ließ er aus dem Elmkalksandstein die Stiftskirche errichten, heute als Kaiserdom bezeichnet, der zu den eindrucksvollsten romanischen Bauten Niedersachsens gerechnet wird. Die dreischiffige, kreuzförmige Pfeilerbasilika nimmt eine Länge von 75 m, eine Höhe des Mittelschiffes von 18 m und der Türme von 52 und 58 m ein. Jagdfries und Löwenportal stellen wertvolle Arbeiten lombardischer Steinmetze dar.

Auf dem ehemaligen Gerichtsplatz hinter der Kirchen- und Klosteranlage steht eine der mächtig-

sten Linden Deutschlands. Der Sage nach soll sie von Kaiser Lothar gepflanzt worden sein. Dies müßte vor 1137 – seinem Todesjahr – geschehen sein. Nach ihrem Umfang, ihren vielen Beulen, den mächtigen, ausgekielten Ästen und der tiefrissigen Borke zu urteilen, könnte sie durchaus 850 Jahre alt sein. Es gibt in Deutschland Linden, deren noch höheres Alter nachgewiesen ist. Nur ist auch hier, wie bei so vielen alten Bäumen, das Alter nicht mehr zu bestimmen, denn der Stamm ist hohl und läßt sich über die Jahrringe nicht auszählen.
Die tiefe Krone ladet mächtig über 30 m aus. Die vorgewölbten Äste wirken wie der Bug eines Schiffes, das sich der stürmischen See entgegenstellt. Ein gewaltiger, eindrucksvoller Baum, der Ehrfurcht gebietet.

Katalog Nr. 198

Bäume im Urwald Hasbruch****

In Deutschland gibt es keine Urwälder mehr, d.h. von Menschen unbeeinflußte Waldgebiete. Dafür setzte die Besiedlung zu früh ein, der Hunger war zu stark, die Sorge um Energie zu groß. Denn der Wald mußte vor der Industrialisierung viel mehr hergeben als heute. Vieh wurde zu Tausenden eingetrieben, Laub brauchte man als Einstreu und Winterfutter ebenso wie Baumreiser. Mit Holz wurden Häuser gebaut, wurde geheizt, Salz gewonnen oder Erz verhüttet. Der Mensch holte sich rücksichtslos, was er brauchte. Die Wälder waren licht und holzarm. Die Kulturen wurden weitständig begründet, um dem Vieh Gräser und Kräuter zu belassen. Diese Hute-(oder Weide-)Wälder bildeten die Ausgangslage für unsere heutigen sogenannten Urwälder.

So hat sich auch der Hasbruch entwickelt. Auf nassen, moorigen Böden mit hohem Grundwasserstand konnte nur schwer Landwirtschaft betrieben werden, auch Nadelhölzer können hier nicht gedeihen. Deshalb beschränkte sich seit jeher die natürliche Baumvegetation auf Eiche und Hainbuche, die Rotbuche dürfte erst später hinzugekommen sein. Sehr früh haben die Landesherren ihn als Bannwald unter Schutz gestellt, so daß die Siedlungen ihn nicht aufreißen konnten. In dem locker bewaldeten Gebiet hat der Hasbruch sich als ein 650 Hektar großes zusammenhängendes Waldgebiet erhalten können, das durch seine Laubwälder, vor allem aber seine alten Bäume viele

Naturfreunde und Wanderer anlockt. In ihm bleibt ein Gebiet von 19 Hektar unbewirtschaftet und urwüchsig – der Hasbrucher Urwald.
Nachdem die „Dicke Eiche“ 1923 abstarb und die Amalieneiche 1982 vom Sturm geworfen wurde, dürfte die Friederikeneiche mit mehr als tausend Jahren die älteste und stärkste Stieleiche sein. Der zwieselige Baum, vom Boden ab geteilt, verdeutlicht den Kontrast vom Leben zum Tode. Der eine Stammteil ist abgestorben, hohl und gebrochen, der andere ragt bis zu 25 m in den Himmel auf und ist voll begrünt. Alte Äste sind so gebogen und gekrümmt, daß man Not und Freude auf Jahrhunderte ablesen kann. Ein gewaltiger alter Recke! Man muß unter dem ausgeschwungenen Stamm stehen und den Himmel durch die Baumkrone suchen, um die Mächtigkeit dieser Erscheinung zu erfassen.
Viele weitere alte Bäume stehen um ihn herum, jeder einzelne eine Persönlichkeit.
Mielck hat in „Riesen der Pflanzenwelt“ (1863) die Eichen des „Hasbrooks“ = Hasbruch als weithin berühmt bezeichnet und die große (dicke) Eiche vermessen:

Höhe 23 m, Umfang in 0,30 m = 950 cm, in 1,75 m = 810 cm.

Zeugen früherer Wirtschaftsformen sind auch die etwa 300jährigen Hainbuchen, die in den Rindenausstülpungen, die fast zu Bändern oder Tauen werden, in Verwachsungen, unregelmäßiger Astausbildung und ähnlichen Formgebungen schmerzlich daran erinnern, daß sie in der sogenannten Kopfwirtschaft ständig Zweige mit Laub zur Viehfütterung liefern mußten.

Auffallend sind noch die Franzosenbuchen, die schon um 1810 in der Franzosenzeit starke Bäume gewesen sein müssen und heute mit 370 Jahren Höhen von 32 und 36 m und Stammumfänge von 400 cm erreichen. Man findet sie am Knüppeldamm unweit des Parkplatzes Schwarzes Heck.

Katalog Nr. 13

Bäume im Destedter Park

Der Destedter Park, unweit von Braunschweig gelegen, ist ein Landschaftspark mit vielen dendrologischen Kostbarkeiten, der sich natürlich in die Landschaft einpaßt. Die Eigentümer, die Familie von Veltheim, betreut den Besitz seit Jahrhunderten, wie 1306 urkundlich festgehalten wurde. Den Park konnte Johann Friedrich von Veltheim aber erst ab

1765 auf 6,5 Hektar anlegen lassen, als ihm ein Flächentausch mit den Bauern gelungen war. Bewußt wandte er sich von den strengen geometrischen Formen der Barockgärten ab und wählte die aus England übernommene Form des „natürlichen" Parks, wie man die Landschaftsgärten auch gerne bezeichnete. Bei der Gestaltung sollen auch Gärtner beteiligt gewesen sein, die in gleicher Zeit auch die bekannten Parks von Wörlitz bei Dessau und Harbke bei Helmstedt anlegten.

Die natürliche Baumgesellschaft wird von Laubbäumen gebildet – Stieleichen, Hainbuche, Esche, Linde und Ahornarten, insbesondere vom wüchsigen Feldahorn. Zahlreiche Bäume stammen aus der Gründungszeit. Zwischen 1870 und 1881 wurde der Baumbestand erneuert. Zwei Bäume sind wesentlich älter als die Parkanlage, nämlich die

– Alteiche am Palmenhaus – Nr. 185 – mit einem Alter von etwa 500 Jahren, einer Höhe von 30 m und einem Umfang von 660 cm, und die

– Pastorenlinde – Nr. 186 – die 100 m nordöstlich vom Schloß steht und zwischen 400 und 500 Jahre alt sein dürfte.

Pastorenlinde – Nr. 186

Alteiche am Palmenhaus – Nr. 185

Katalog Nr. 185 - 187

Sehenswert sind mehrere Altbäume aus der Gestaltungszeit, wie die
– Blutbuche vor der Oberburg – Nr. 187 –
oder die
– Hängebuche mit Absenkern am Fuße des Pflaumenberges.
Sogar eine eigene von Veltheim´sche Züchtung kann besichtigt werden, eine Einblattesche mit dem bezeichnenden Namen
– „Fraxinus Veltheimii, Veltheims Esche".
Die Eigentümer geben tagsüber den Park zur Besichtigung frei. 1992 wurde ein Parkführer mit den wichtigsten Baumdaten erstellt.

Eiben im Plessewald bei Bovenden

Dieser Eibenwald gilt nach Zahl, Fläche und Wuchs als einzigartiges Vorkommen dieser so stark zurückgedrängten Baumart in Niedersachsen und ist weit über die Grenzen hin bekannt, vielfach untersucht und beschrieben. Auf 12,7 ha Waldfläche wird diese Baumart in einem 1971 ausgewiesenen Naturwaldreservat ohne menschliche Eingriffe der natürlichen Entwicklung überlassen. Eine forstliche Bewirtschaftung erfolgte bereits ab 1908

nicht mehr. Es ist das Kernstück eines Eibenvorkommens, das sich auch auf die angrenzenden Waldungen, insbesondere in der Nähe der Burg Plesse, bis hin in den Göttinger Stadtwald ausdehnt.
Nach Jahrringzählungen kann das Baumalter auf 150 bis 200, im Mittel 170 Jahre eingegrenzt werden. Die Höhen reichen von 12 bis 17 Meter, Stammdurchmesser bis 53 cm. Die Zahl der Bäume ging jedoch ständig zurück: 1849 waren 1.584 Exemplare vorhanden, 1904 noch 1.234 und 1985 lebten noch 835.
In Niedersachsen gibt es zwar noch einzelne Eiben, die wesentlich älter und stärker sind. Ein so umfangreiches Vorkommen wie im Plessewald ist jedoch nicht mehr zu finden. Früher war die Eibe in den Mittelwäldern noch recht häufig vertreten und zeichnete sich durch hohes Schattenerträgnis aus, das ihr Überleben unter Buchenaltbäumen ermöglichte. Das für viele Zwecke – Bogen, Geräte, Möbel, ja sogar Bauholz – begehrte Holz brachte diese Baumart an den Rand des Aussterbens. Heute bemüht man sich wieder um die Sammlung und Züchtung wertvoller Altbäume.

** Text aus Hans Joachim Fröhlich „Alte liebenswerte Bäume in Deutschland“, C. Ahlering-Verlag, Hamburg 1989. Abdruck mit freundlicher Genehmigung des Verlages. Buch über den Verlag, die Buchhandlung oder das Kuratorium erhältlich.

Katalog Nr. 245

Übersichtskarte

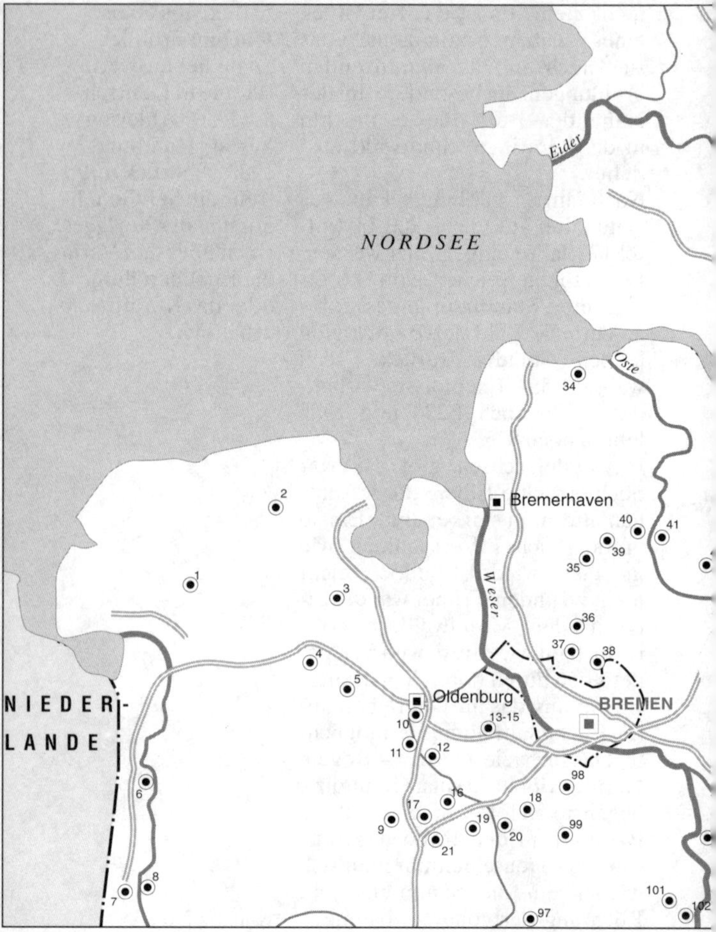

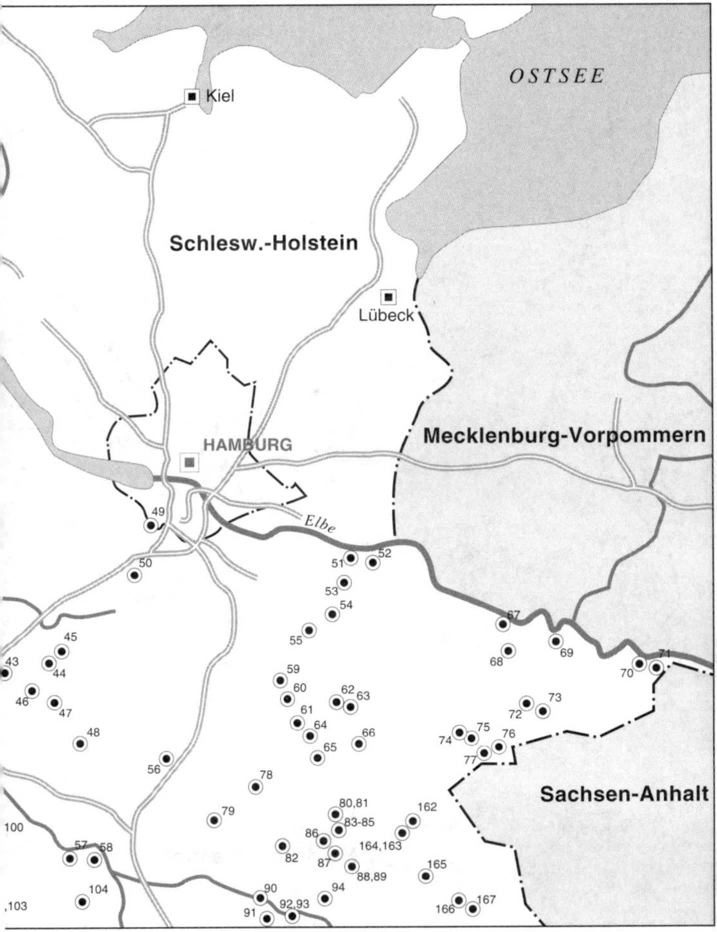
OSTSEE
Kiel
Schlesw.-Holstein
Lübeck
HAMBURG
Mecklenburg-Vorpommern
Elbe
Sachsen-Anhalt
49
50
51
52
53
54
55
45
43
44
46
47
48
56
59
60
61
62
63
64
65
66
67
68
69
70
71
72
73
74
75
76
77
78
79
80,81
83-85
86
82
87
88,89
162
164,163
165
100
57
58
104
,103
90
91
92,93
94
166
167

Übersichtskarte

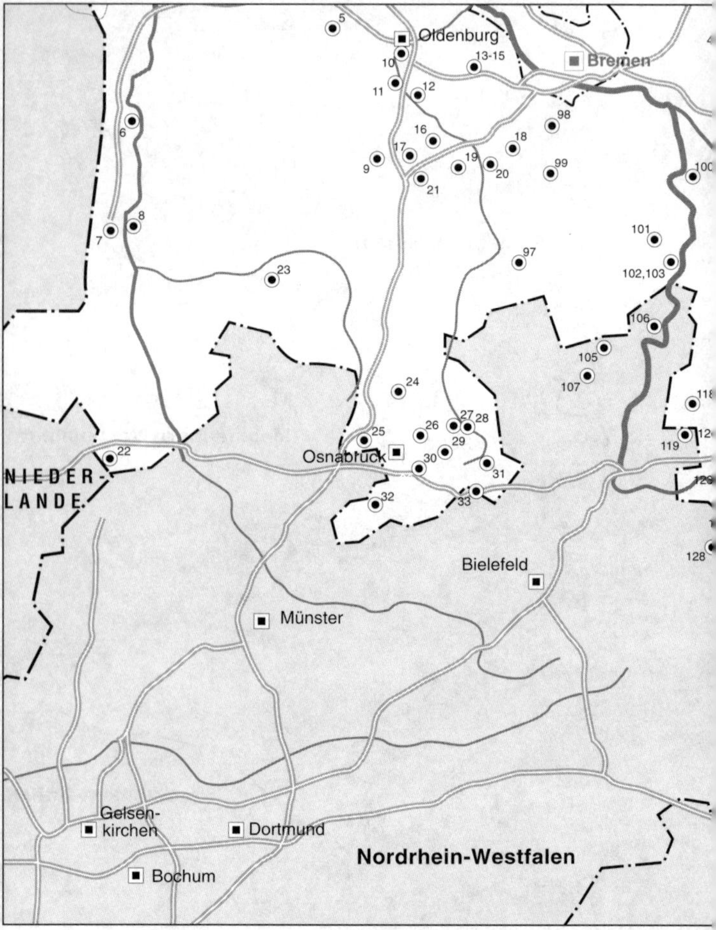

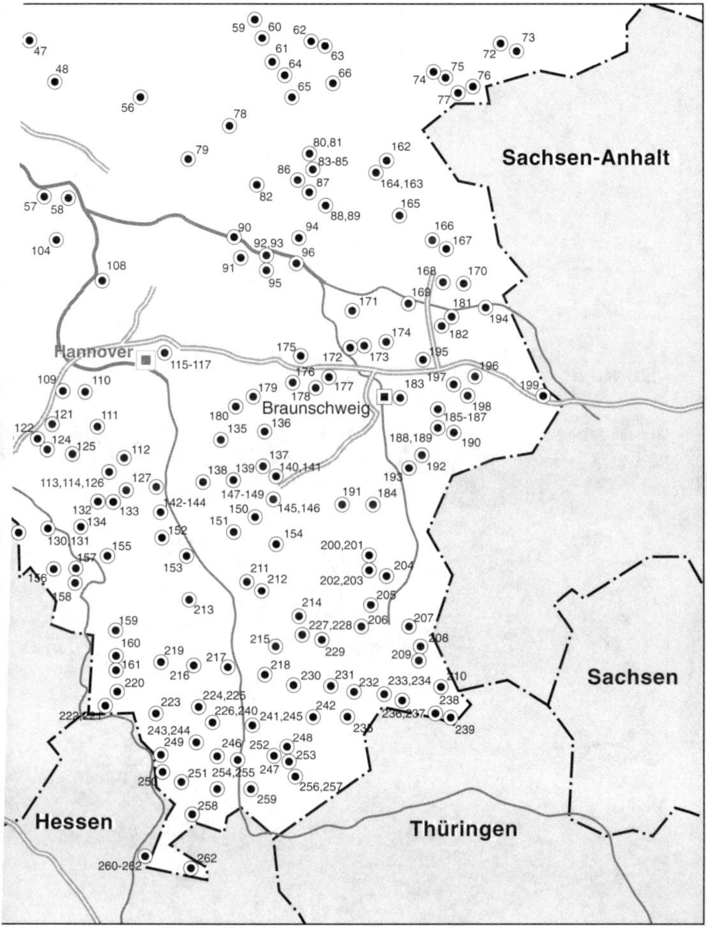
Sachsen-Anhalt
Hannover
Braunschweig
Sachsen
Hessen
Thüringen

Reg.Bez. Weser-Ems
Kreis Aurich

1 Esche in Großefehn

Baumart: Esche
Alter: 200-300 Jahre
Höhe: 24 m
Umfang: 690 cm
Krone: 33 m
Kreis: Aurich
Besonderheiten: besonders schön gewachsene Esche mit riesiger Krone.
Naturdenkmal: ja
Standort: Gemarkung Westgroßefehn, im Norden des Ortsteils Mittegroßefehn

2 Buche im Schloßpark Jever

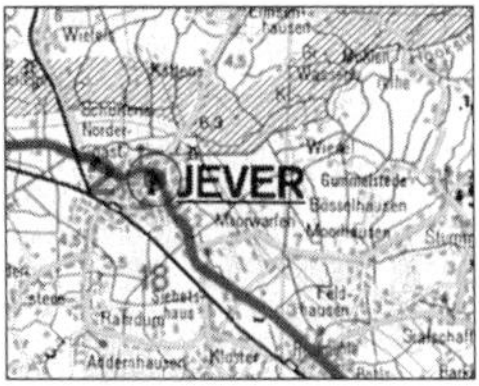

Baumart: Buche
Alter: 200-300 Jahre
Höhe: 27 m
Umfang: 650 cm
Krone: 29 m
Kreis: Friesland
Besonderheiten: wulstiger, tiefgeriefter Stamm, tiefangesetzte, weite Krone.
Naturdenkmal: nein
Standort: Im Schloßpark Jever

3 Bäume im Neuenburger Urwald

Baumart: Eiche
Alter: 600-700 Jahre
Höhe: 20 m
Umfang: 565 cm
Krone: 14 m
Forstamt: Neuenburg
Kreis: Friesland
Besonderheiten: der Wald ist reich an alten Eichen u. Hainbuchen. Bizarre Gestalten, teils absterbend und umgefallen. Hier wird die stärkste Eiche behandelt.
Naturdenkmal: NSG
Standort: im NSG "Neuenburger Urwald" in der sogenannten „Friesischen Wehde“

4 Blutbuche in Westerloy

Baumart: Buche
Alter: 200 Jahre
Höhe: 25 m
Umfang: 480 cm
Krone: 24 m
Kreis: Ammerland
Besonderheiten: gesund, einige Trockenäste.
Naturdenkmal: ja
Standort: im Nordteil des Ortsteils Westerloy der Gemeinde Westerstede

5 2 Blutbuchen in Bad Zwischenahn

Baumart: Buche
Alter: 200 Jahre
Höhe: 24 m
Umfang: 435/360 cm
Krone: 30 m
Kreis: Ammerland
Besonderheiten: zwei aneinander stehende Blutbuchen, die einen Gesamtkronendurchmesser von 3o m haben.
Naturdenkmal: ja
Standort: im Nordteil von Bad Zwischenahn zwischen Schwimmbad und Spielplatz

6 Heeder Riesenlinde

Baumart: Linde
Alter: 1000 Jahre
Höhe: 26 m
Umfang: 660 cm
Krone: 38 m
Forstamt: Lingen
Kreis: Emsland
Besonderheiten: alter verwachsener, verbeulter Stammfuß, der auf tausend Stelzwurzeln ruht. Beulig, runzelig, verkrumpelt und hohl, über ihm stehen alte Stämme mit Gnomenköpfen und vernarbten Wunden, hieraus entspringen junge Äste. Winterlinde.
Naturdenkmal: ja
Standort: In Heede, auf dem Platz der ehemaligen Schärpenburg

7 Schwarzpappeln an der Schloßbrücke in Dankern

Baumart: Schwarzpappel
Alter: 300 Jahre
Höhe: 29/34 m
Umfang: 600 cm
Krone: 20/28 m
Forstamt: Lingen
Kreis: Emsland
Besonderheiten: seltene Arten, zwei starke Bäume vor historischer Kulisse.
Naturdenkmal: nein
Standort: am Schloß Dankern, westlich von Haren

8 Buchen im Tinner Loh bei Haren

Baumart: Buche
Alter: 300-350 Jahre
Höhe: 27 m
Umfang: 720 cm
Krone: 20 m
Forstamt: Lingen
Kreis: Emsland
Besonderheiten: eines der interessantesten Buchenvorkommen in Deutschland. Bizarre Wuchsformen: eine verwachsene, knorrige Buche, zwei Buchen sind miteinander verwachsen, eine andere kommt vieltriebig aus dem Boden.
Naturdenkmal: NSG
Standort: nördlich von Meppen und nahe Haren/Ems, 2-3 km westlich von Tinnen

Kreis: Cloppenburg

9 Eichen und Buchen im Urwald Baumweg bei Ahlhorn

Baumart: Eichen, Buchen, Hainbuchen
Alter: 250-350 Jahre
Höhe: 25-30 m
Umfang: 200-400 cm
Krone: 8-20 m
Forstamt: Ahlhorn
Kreis: Cloppenburg

Besonderheiten: Apokalypse geordneter Forstwirtschaft, alle Eichen und Buchen mit unglaublich schlechten Formen durch Verbiß vom Vieh, Streunutzung und Humusaustrag.

Naturdenkmal: NSG

Standort: an der B 213 Ahlhorn-Cloppenburg im Naturschutzgebiet

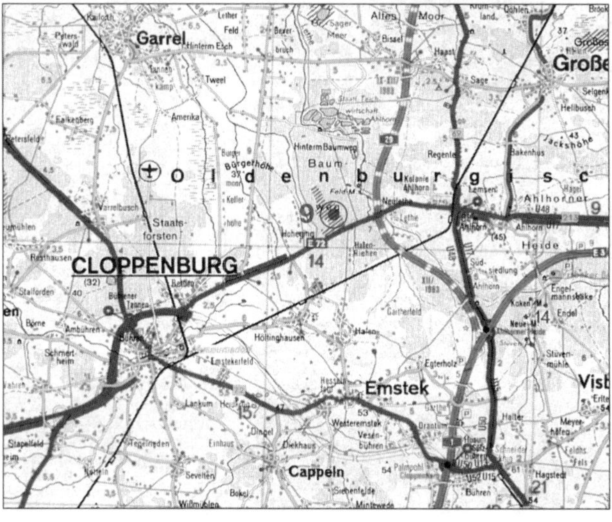

10 Buche im Stadtpark Oldenburg

Baumart: Buche
Alter: 200-300 Jahre
Höhe: 36 m
Umfang: 690 cm
Krone: 27 m
Kreis: Stadt Oldenburg
Besonderheiten: über dem kurzen, wulstigen Stamm erheben sich vier Starkäste. Asymmetrische Krone.
Naturdenkmal: nein
Standort: etwa 50 m östlich des Westeingangs zum Park

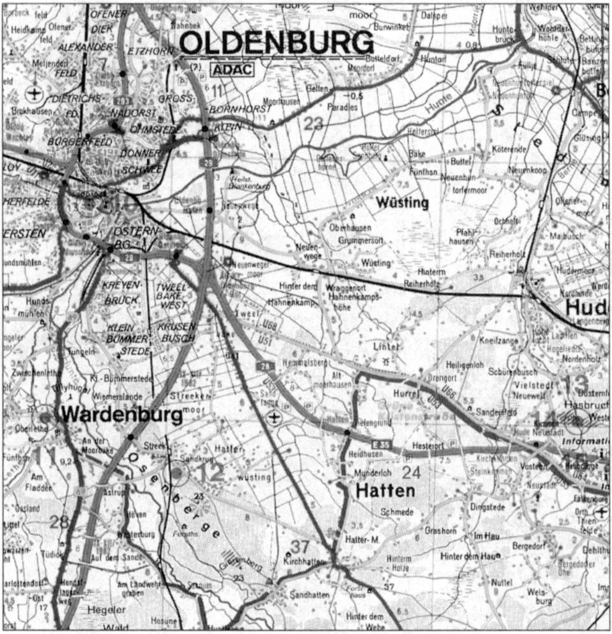

11 Popken's Eiche in Wardenburg

Baumart: Eiche
Alter: 350 Jahre
Höhe: 25 m
Umfang: 520 cm
Krone: 18 m
Kreis: Oldenburg
Besonderheiten: mehrstämmiger Baum mit breiter, voller Krone.
Naturdenkmal: ja
Standort: in Wardenburg, am Friedhof

12 Alte Douglasie bei Wardenburg

Baumart: Douglasie
Alter: 147 Jahre
Höhe: 36 m
Umfang: 325 cm
Krone: 20 m
Forstamt: Hasbruch
Kreis: Oldenburg
Besonderheiten: angeblich älteste Douglasie Deutschlands, schriftlich festgelegt.
Naturdenkmal: nein , im NSG
Standort: neben der alten herzogl. oldenburgischen Jagdhütte aus dem Jahre 1842. In der Abt. 543 des Staatswaldes Hasbruch in Hude, Gemarkung Sandkrug, Forstort „Barneführerholz“

13 Nikolaus-Friedrich-Peter-Eiche im Hasbruch

Baumart: Eiche
Alter: 400-500 Jahre
Höhe: 18 m
Umfang: 580 cm
Krone: 9 m
Kreis: Oldenburg
Besonderheiten: Baumveteran in der Zerfallsphase, stark reduzierte Krone, Astausbrüche, teilweise entrin-

deter, knorriger Stamm, welcher sich in etwa 8 m Höhe teilt. Stieleiche.
Naturdenkmal: ja
Standort: Im Naturschutzgebiet Hasbruch

14 Bäume im Urwald Hasbruch bei Hude

Baumart: Eiche
Alter: 1000-1200 Jahre
Höhe: 25 m
Umfang: 800 cm
Krone: 25 m
Forstamt: Hasbruch
Kreis: Oldenburg
Besonderheiten: ein 19 ha großer Urwald, der in seiner Urwüchsigkeit sehr beeindruckend ist. Alter Bannwald. Als stärkster und gewaltigster Baum ist die Friederikeneiche hervorzuheben. Stieleichen.
Naturdenkmal: NSG
Standort: NSG Hasbruch bei Hude

15 Friederiken-Eiche bei Hude

Baumart: Eiche
Alter: 1100-1200 Jahre
Höhe: 25 m
Umfang: 800 cm
Krone: 25 m
Forstamt: Hasbruch
Kreis: Oldenburg
Besonderheiten: Stamm mit starken Beulen und Wulsten. Benannt nach einer Tochter des Erbgroßherzogs von Oldenburg im 19.Jahrhundert. Stieleiche.
Naturdenkmal: ja
Standort: in der Abt. 327 des Staatswaldes Hasbruch, im NSG Hasbruch, am Rande des NP „Wildeshauser Geest“ in der Gkg.Hude

16 Dorfeiche in Dötlingen

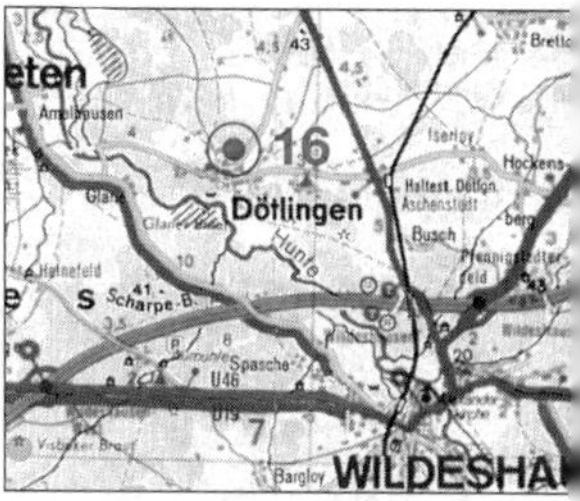

Baumart: Eiche
Alter: 500-600 Jahre
Höhe: 15 m
Umfang: 670 cm
Krone: 14 m
Kreis: Oldenburg
Besonderheiten: knorriges Stammfragment von etwa 4 m Höhe mit zwei Ästen. Sturmbruch 1980.
Naturdenkmal: ja
Standort: Dorfmitte, neben dem Tabkenhof, dem größten Niedersachsenhaus Nordwestdeutschlands

17 Eiche beim Herrberg in Großenkneten

Baumart: Eiche
Alter: 300 Jahre
Höhe: 21 m
Umfang: 530 cm
Krone: 23 m
Kreis: Oldenburg
Besonderheiten: mächtiger, kurzer Stammfuß, löst sich in vielstämmige, ausladende Krone auf. Stieleiche.
Naturdenkmal: ja
Standort: Großenkneten, östlich von Ahlhorn an der B 213

18 Linde an der Amtsfreiheit in Harpstedt

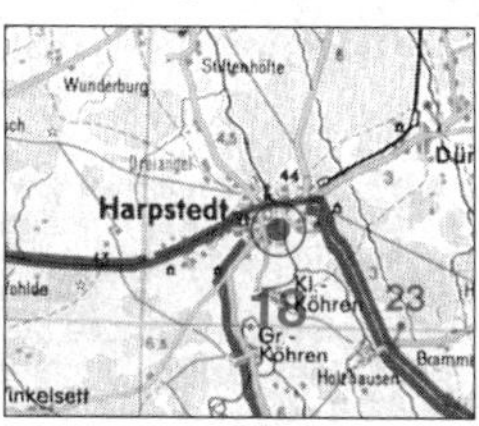

Baumart: Linde
Alter: 450-550 Jahre
Höhe: 25 m
Umfang: 775 cm
Krone: 18 m
Kreis: Oldenburg
Besonderheiten: kurzer, knorriger Stamm, etwa 2 m lang, dann Kandelaberäste.
Naturdenkmal: ja
Standort: in der Grünanlage an der Straße “Amtsfreiheit”, südliche Ab-

grenzung zum Sportplatz in Harpstedt

19 Ulme in Düngstrup

Baumart: Ulme
Alter: 350 Jahre
Höhe: 27 m
Umfang: 470 cm
Krone: 20 m
Kreis: Oldenburg
Besonderheiten: ortsprägend, vielstämmige Krone, viele Krebsgeschwüre, Aststummel. Wirkt, als seien mehrere Bäume zusammengewachsen.
Naturdenkmal: ja
Standort: in Wildeshausen, Ortsteil Düngstrup

20 Huteeiche bei Reckum

Baumart: Eiche
Alter: 400 Jahre
Höhe: 25 m
Umfang: 490 cm
Krone: 25 m
Kreis: Oldenburg
Besonderheiten: tief angesetzte, gleichmäßig aufgebaute Krone.
Naturdenkmal: nein
Standort: Nordwestlich von Reckum (bei Wildeshausen)

21 Bäume im Urwald Herrenholz bei Visbek

Baumart: Eiche, Buche, Hainbuche
Alter: 250-300 Jahre
Höhe: 25-30 m
Umfang: 200-500 cm
Krone: 10-20 m
Forstamt: Ahlhorn
Kreis: Vechta
Besonderheiten: bizarre Verwachsungen, reicher Stechpalmenbestand (Ilex aquifolia).
Naturdenkmal: NSG
Standort: im Naturpark "Wildeshauser Geest" im Oldenburgischen Münsterland

22 Eiche im Forst Bentheim

Baumart: Eiche
Alter: 400-500 Jahre
Höhe: 27 m
Umfang: 560 cm
Krone: 20 m
Kreis: Grafschaft Bentheim
Besonderheiten: besonders knorriger Stamm.
Naturdenkmal: nein
Standort: Station 5 des Waldlehrpfades nördlich von Bentheim. Sehenswert ist der „Hude-, Toten- und Gespensterwald" des Lehrpfades

Kreis Osnabrück

23 2 Linden am Stift Börstel

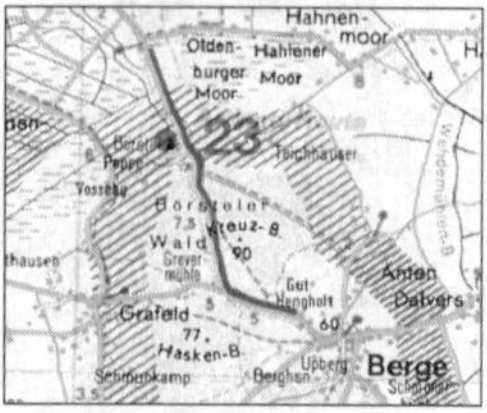

Baumart: Linde
Alter: 300-400 Jahre
Höhe: 25/26 m
Umfang: 425/450 cm
Krone: 16/17 m
Kreis: Osnabrück
Besonderheiten: Hauptäste 1941/49 herausgebrochen. Starke Bäume, teilweise eigenartig verzweigt.
Naturdenkmal: ja
Standort: an der Südseite des Klosters Börstel. Sehenswertes Baudenkmal.

24 Gerichtslinde in Barenaue

Baumart: Linde
Alter: 500-600 Jahre
Höhe: 15 m
Umfang: 560 cm
Krone: 13 m
Kreis: Osnabrück
Besonderheiten: bizarre Baumform, knorriger, durchgehender Stamm mit drei Kandelaberästen. Stamm und Äste sind weitgehend hohl. Außerdem bemerkenswert: Femelinde und Lindenallee am Schloß Barenaue der Familie von Bar.
Naturdenkmal: ja
Standort: etwa 300 m südlich der Wasserburg Barenaue, am Ende der schiefen Lindenallee, unmittelbar neben der Straße

25 Everseiche in Osnabrück

Baumart: Eiche
Alter: 400-500 Jahre
Höhe: 23 m
Umfang: 690 cm
Krone: 26 m
Forstamt: Palsterkamp

Kreis: Osnabrück
Besonderheiten: die älteste Eiche im Raum Osnabrück. Stamm hohl, gewaltige Krone. Stieleiche.
Naturdenkmal: ja
Standort: Stadt Osnabrück-Stadtteil Eversburg, neben der Haselbrücke, auf einer Wiese

26 Schwedenlinde am Gut Astrup

Baumart: Linde
Alter: 400-500 Jahre
Höhe: 20 m
Umfang: 630 cm
Krone: 15 m
Kreis: Osnabrück

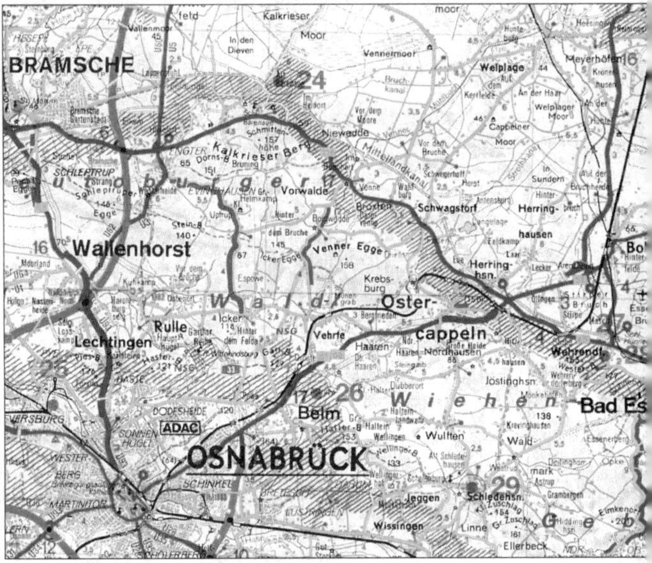

Besonderheiten: eine weitere, stärkere Femelinde existiert nicht mehr.
Naturdenkmal: ja
Standort: auf dem Gelände des ehemaligen Gutes Astrup, an der Schloßstraße

27 Upmeyers Eiche bei Wehringdorf

Baumart: Eiche
Alter: 450 Jahre
Höhe: 27 m
Umfang: 685 cm
Krone: 37 m
Forstamt: Osnabrück (Landw. Kammer)
Kreis: Osnabrück
Besonderheiten: landschaftsprägender Baum mit gewaltigem Kronenwerk. Stieleiche.
Naturdenkmal: ja
Standort: Feldlage in der Nähe des Gutshofes Upmeyer am Upmeyerweg am Rande des Naturparks „Teutoburger Wald-Wiehengebirge“

28 Tausendjährige Eibe in Wehrendorf

Baumart: Eibe
Alter: 800-1000 Jahre
Höhe: 10 m
Umfang: über 500 cm
Krone: 9 m
Kreis: Osnabrück
Besonderheiten: wulstiger, stark riefiger Stamm, hohl und zu ein Drittel offen. Alter Querschnitt noch erkennbar. Tiefer Kronenansatz. Möglicherweise waren zwei Eiben ehemals zusammengewachsen. Dann wäre das Alter wesentlich geringer.
Naturdenkmal: ja

Standort: am Rand einer kleinen Grünanlage zwischen der Mühlenstraße und dem Eibengrund

29 Buche in Schledehausen

Baumart: Buche
Alter: 200-300 Jahre
Höhe: 24 m
Umfang: 560 cm
Krone: 24 m
Kreis: Osnabrück
Besonderheiten: hohler, offener Stamm, Stammfuß gedreht und gefurcht, waagerecht angesetzte, geschwungene Äste.
Naturdenkmal: ja
Standort: Westseite des Friedhofs in Schledehausen

30 Hohe Linde von Achelriede

Baumart: Linde
Alter: 350-400 Jahre
Höhe: 20 m
Umfang: 450 cm
Krone: 14 m
Kreis: Osnabrück
Besonderheiten: Stamm mit starken Brettwurzeln, Wulsten und Wucherungen. Vielastige Krone. Dorflinde, unter der die Dorfältesten berieten und die Jugend tanzte.
Naturdenkmal: ja
Standort: Bissendorf-Achelriede, am Kriegerdenkmal, etwa 70 m östlich der Kirche, auf einer bewaldeten Anhöhe mit herrlichem Blick

31 Gerichtslinde auf der Hilgensele bei Melle

Baumart: Linde
Alter: 400 Jahre
Höhe: 25 m
Umfang: 575 cm
Krone: 26 m
Forstamt: Palsterkamp
Kreis: Osnabrück
Besonderheiten: in 4 m Höhe Kandelaber von Lindenbäumen aus einem Stamm. 1984 saniert. Sommerlinde.
Naturdenkmal: ja
Standort: Buer (Stadt Melle) Ortslage an der Straße Hilgensele

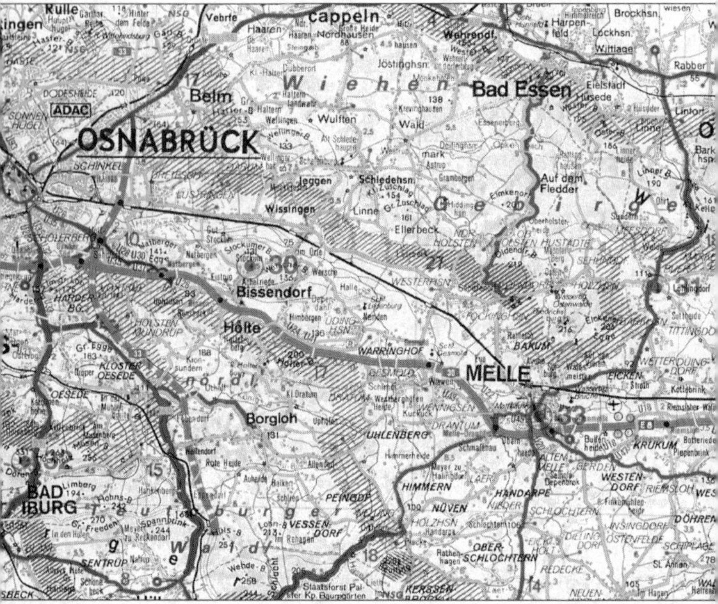

32 Königsbuche am Dörenberg bei Bad Iburg

Baumart: Buche
Alter: 250-300 Jahre
Höhe: 26 m
Umfang: 500 cm
Krone: 28 m
Forstamt: Palsterkamp
Kreis: Osnabrück
Besonderheiten: auffallend ist der starke Drehwuchs nach links, durch Rindenbildung noch verstärkt. In 4 m Höhe geht der Stamm in drei glatte Baumstämme über. Wahrscheinlich alter Grenzbaum. Versammlungsort der Jäger.
Naturdenkmal: ja
Standort: Straße Bad Iburg-Hagen bis zur Höhe, dann Teerstraße zum Dörenberg nach 100 m westwärts oberhalb eines kleinen Teiches

33 Femelinde in Altenmelle

Baumart: Linde
Alter: 400-500 Jahre
Höhe: 12 m
Umfang: 650 cm
Krone: 15 m
Kreis: Osnabrück
Besonderheiten: bizarre Erscheinung, kurzer, wulstiger, knolliger Stamm. Starke Kandelaberäste. Alter Gerichtsplatz des Grönegaues. Gut saniert.
Naturdenkmal: ja
Standort: 20 m neben der Straße Melle – Altenmelle (aus Melle kommend, rechts), an der Neuenkirchener Straße, etwa 200 m südlich der Autobahn

Reg. Bez. Lüneburg
Kreis: Cuxhaven

34 Starkbuche in Otterndorf

Baumart: Buche
Alter: 200-250 Jahre
Höhe: 23 m
Umfang: 465 cm
Krone: 30 m
Kreis: Cuxhaven
Besonderheiten: schrägstehender, etwa mannshoher Stamm mit starkastiger, weit ausladender Krone.
Naturdenkmal: ja
Standort: gegenüber dem Krankenhaus in der Müggendorfer Straße in Otterndorf, in einem Vorgarten

35 Eibe in Kirchwistedt

Baumart: Eibe
Alter: 800 Jahre
Höhe: 9 m
Umfang: 270 cm
Krone: 11 m
Kreis: Cuxhaven
Besonderheiten: völlig hohler Stamm mit 2 Hauptästen.
Naturdenkmal: ja
Standort: im Garten des Pfarrhauses

36 "Lausbuche" in Oldenbüttel

Baumart: Buche
Alter: 200-250 Jahre
Höhe: 27 m
Umfang: 485 cm
Krone: 25 m
Kreis: Osterholz

Besonderheiten: spannrückiger, leicht beuliger Stamm mit auffällig dünnen Ästen ab 4 m Höhe. Der Name soll von einem „verlausten "Heerlager hergeleitet sein.

Naturdenkmal: ja

Standort: etwa 500 m westlich der B 74 - aus Richtung Osterholz—Scharmbeck kommend - in Höhe der Straße „Peishamm", die nach links abbiegt, in der Gemeinde Ströhe

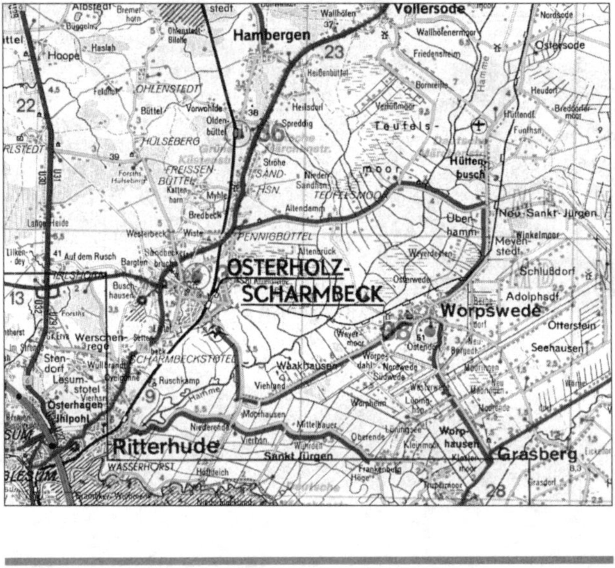

37 Eiche an der Volksbank in Osterholz

Baumart: Eiche
Alter: 400-500 Jahre
Höhe: 20 m
Umfang: 560 cm
Krone: 14 m
Kreis: Osterholz
Besonderheiten: etwas schräg stehender, durchgehender Stamm. Schmale, tief angesetzte Krone mit leicht pyramidaler Form.
Naturdenkmal: ja
Standort: vor der Volksbankfiliale an der Osterholzer Straße, Ecke Bördestraße

38 Eiche in Worpswede

Baumart: Eiche
Alter: 350 Jahre
Höhe: 18 m
Umfang: 490 cm
Krone: 27 m
Forstamt: Osterholz
Kreis: Osterholz
Besonderheiten: in 6 m Höhe löst sich der walzenförmige Stamm in viele baumstarke Äste auf, die meist ausladend eine vollbeastete und gut belaubte Krone bilden. Traubeneiche.
Naturdenkmal: ja
Standort: am Nordhang des Weyerberges im Feld

39 Eiche in Sünderwald bei Hipstedt

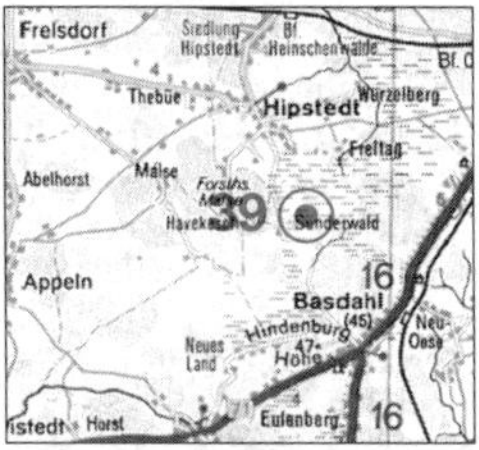

Baumart: Eiche
Alter: 400-500 Jahre
Höhe: 22 m
Umfang: 555 cm
Krone: 17 m
Kreis: Rotenburg (Wümme)
Besonderheiten: Stieleiche. Auf dem Stammsockel bilden Äste jüngeren Datums die Krone
Naturdenkmal: nein
Standort: Auf dem Gelände des aufgegebenen Hofes „Sünderwald“, etwa 1,5 km südlich von Hipstedt

40 Eiche bei Engeo

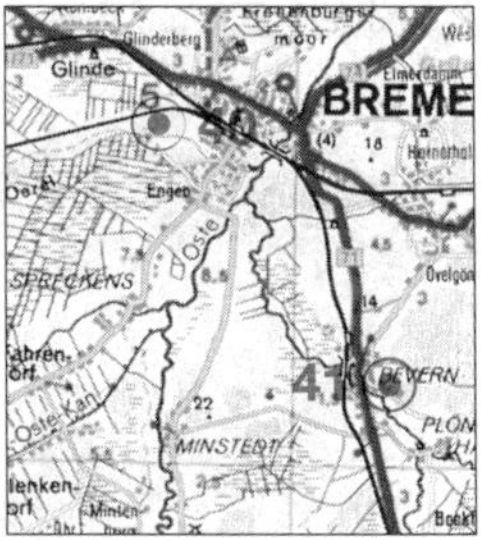

Baumart: Eiche
Alter: 300-400 Jahre
Höhe: 20 m
Umfang: 530 cm
Krone: 24 m
Kreis: Rotenburg (Wümme)
Besonderheiten: Stieleiche. Der Stamm teilt sich im Höhenbereich 2 bis 4 m in Starkäste auf.
Naturdenkmal: ja
Standort: in Bremervörde, Ortsteil Engeo, etwa 800 m westlich der Hauptstraße, am Rande des Engeoer Moores

41 Hofeiche in Bevern

Baumart: Eiche
Alter: 450-500 Jahre
Höhe: 19 m
Umfang: 570 cm
Krone: 31 m
Kreis: Rotenburg (Wümme)
Besonderheiten: kurzer, walzenförmiger Stamm mit tief angesetzter, symmetrischer, dicht belaubter Krone.

Naturdenkmal: ja
Standort: Ecke B 71/Abzweigung Hesedorf, vor einer Gaststätte, Ortseingang Bevern aus Richtung Bremervörde

42 Hutebuche bei Anderlingen

Baumart: Buche
Alter: 200-250 Jahre
Höhe: 26 m
Umfang: 410 cm
Krone: 25 m
Kreis: Rotenburg (Wümme)
Besonderheiten: typische Hutebuche.
Naturdenkmal: ja
Standort: 50 m nordöstlich des Gebäudes des Sportvereins am Sportplatz in Selsingen-Anderlingen

43 Eiche in Mulmshorn

Baumart: Eiche
Alter: 200-300 Jahre
Höhe: 20 m
Umfang: 485/285 cm
Krone: 19 m
Kreis: Rotenburg (Wümme)
Besonderheiten: Stieleiche. Zwei zusammengewachsene Eichen mit dreistämmigem Habitus.
Naturdenkmal: ja
Standort: am Sportplatz in Rotenburg-Mulmshorn

44 "Mühleneiche" in Scheeßel

Baumart: Eiche
Alter: 400-500 Jahre
Höhe: 22 m
Umfang: 610 cm
Krone: 29 m
Kreis: Rotenburg (Wümme)
Besonderheiten: kurzer, gedrunge-

ner Stamm mit weit ausladender Krone.
Naturdenkmal: ja
Standort: etwa 100 m vor dem Ortsausgangsschild Scheeßel in Richtung Westerholz

45 Die Gerichtslinde in Scheeßel

Baumart: Linde
Alter: 500-600 Jahre
Höhe: 21 m
Umfang: 660 cm
Krone: 16 m
Forstamt: Rotenburg
Kreis: Rotenburg (Wümme)
Besonderheiten: Stamm hohl, einzelne Starkäste aus der Krone gebrochen, alter Femebaum . Winterlinde.
Naturdenkmal: ja
Standort: in Scheeßel an der St.-Lukas-Kirche

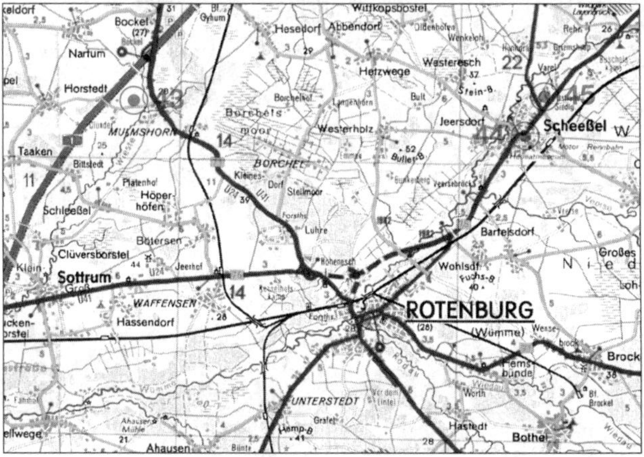

46 "Geistereiche" in Rotenburg (Wümme)

Baumart: Eiche
Alter: 400-450 Jahre
Höhe: 19 m
Umfang: 570 cm
Krone: 16 m
Kreis: Rotenburg (Wümme)
Besonderheiten: hohler, offener Stamm, der einen geschwungenen Ast trägt. Eine groteske Erscheinung.
Naturdenkmal: ja
Standort: aus Richtung Zeven kommend, biegt man von der Hansestraße nach rechts zum Gesundheitsamt ab. Diesem Weg (In der Aue) folgt man etwa 1 km. Danach befindet sich die Eiche auf der rechten Seite des Weges

47 Hofeiche in Worth

Baumart: Eiche
Alter: 600-700 Jahre
Höhe: 9 m
Umfang: 710 cm
Krone: 8 m
Kreis: Rotenburg (Wümme)
Besonderheiten: Das Stammfragment trägt nur noch einen grünen Ast. Der Stamm ist völlig hohl und weitgehend entrindet.
Naturdenkmal: ja
Standort: auf dem Hofgelände der Familie Delventhal in Worth

48 15-stämmige Buche bei Nindorf

Baumart: Buche
Alter: 150 Jahre
Höhe: 33 m
Umfang: 1000 cm (Gruppe)
Krone: 17 m
Kreis: Rotenburg (Wümme)
Besonderheiten: 14 Buchen und eine Eiche.
Naturdenkmal: ja
Standort: etwa 800 m nach dem Ortsausgangsschild von Visselhövede - Nindorf in Richtung Jeddingen/Wittorf führt ein Weg nach rechts, nach ca. 700 m direkt zum Baum

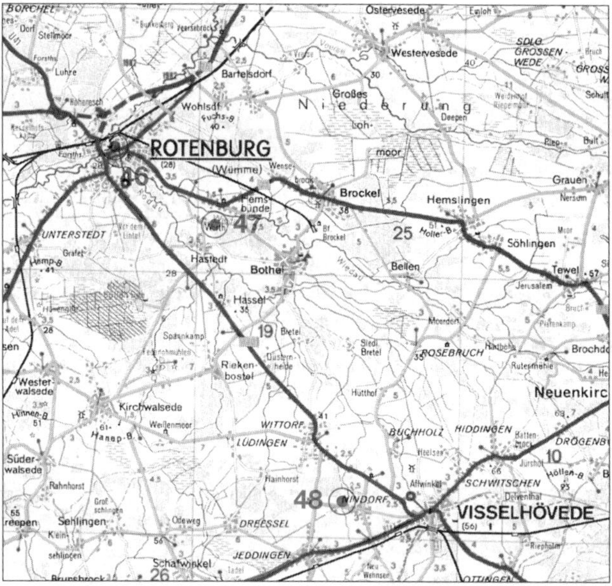

49 Große Moddereiche bei Sottorf

Baumart: Eiche
Alter: 200-250 Jahre
Höhe: 23 m
Umfang: 230 cm
Krone: 17 m
Forstamt: Rosengarten
Kreis: Harburg
Besonderheiten: Stieleiche. Der Name des Baumes kommt von Modder = Matsch, Sumpf.
Naturdenkmal: ja
Standort: am Rande des Naturparks "Harburger Berge"

50 Eiche in Bötersheim

Baumart: Eiche
Alter: 600-800 Jahre
Höhe: 18 m
Umfang: 710 cm
Krone: 10 m
Kreis: Harburg
Besonderheiten: hohles Stammfragment mit viermal 1,5 m großer Öffnung. Zu Beginn dieses Jahrhunderts zweimal vom Blitz getroffen. Wochenlange Schwelbrände. 1959 zerbarst der Stamm (bis dahin etwa 9 m Umfang) und ein starker Ast brach heraus.
Naturdenkmal: ja
Standort: am Kriegerdenkmal in Bötersheim

51 Hofeiche bei Hohnstorf

Baumart: Eiche
Alter: 300-400 Jahre
Höhe: 26 m
Umfang: 480 cm
Krone: 28 m
Kreis: Lüneburg
Besonderheiten: hoch angesetzte, ausladende Krone. Stieleiche.
Naturdenkmal: ja
Standort: unmittelbar neben der B 209 von Artlenburg nach Hohnstorf

52 Eiche in Hittbergen

Baumart: Eiche
Alter: 500 Jahre
Höhe: 16 m
Umfang: 500 cm
Krone: 20 m
Kreis: Lüneburg
Besonderheiten: kurzer, walzenförmiger Stamm mit ausgeprägter Rindenstruktur. Vielastige, kugelförmige, gezwieselte Krone.
Naturdenkmal: ja
Standort: vor der Kirche in Hittbergen, direkt an der Ortsdurchfahrt

53 Klostereiche in Scharnebeck

Baumart: Eiche
Alter: 750 Jahre
Höhe: 23 m
Umfang: 750 cm
Krone: 22 m
Forstamt: Busschewald
Kreis: Lüneburg
Besonderheiten: ein Koloß von einem Stamm mit Hohlästen, ein schönes Ensemble mit dem Teich. Stieleiche.
Naturdenkmal: ja
Standort: Scharnebeck, auf dem

Grundstück der Revierförsterei, am Ortsrand in der Nähe der Mühle.

54 "Nonneneiche" bei Deutsch Evern

Baumart: Eiche
Alter: 300-400 Jahre
Höhe: 19 m
Umfang: 450 cm
Krone: 16 m
Kreis: Lüneburg
Besonderheiten: Drehwuchs im unteren Stammbereich, darüber knorrige Krone.
Naturdenkmal: nein
Standort: Zwischen dem Reiterhof (Ortsausgang Richtung Häcklingen) und der Schnellstraße folgt man nach rechts einer Bahnüberführung für Fußgänger. Etwa 2o m hinter der Bahnlinie steht die Eiche am Waldrand, etwas versteckt, auf der rechten Seite

55 Linde an der Kirche in Embsen

Baumart: Linde
Alter: 400-500 Jahre
Höhe: 15 m
Umfang: 470 cm
Krone: 15 m
Kreis: Lüneburg
Besonderheiten: wulstiger, hohler Torso mit einem stärkeren und einigen schwächeren Ästen.
Naturdenkmal: ja
Standort: neben der Kirche in Embsen

Kreis Soltau-Fallingbostel

56 Linde bei Jettebruch

Baumart: Linde
Alter: 250-350 Jahre
Höhe: 26 m
Umfang: 490 cm
Krone: 21 m
Kreis: Soltau-Fallingbostel
Besonderheiten: Winterlinde, beuliger Erdstamm, der sich in 4 m Höhe aufteilt.
Naturdenkmal: ja
Standort: aus Soltau kommend, an der linken Fahrbahnseite der B 209, vor einer Gaststätte

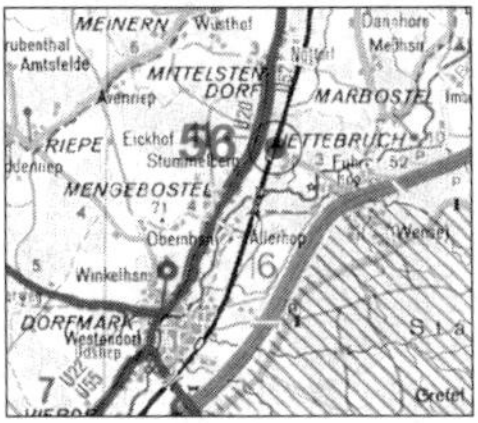

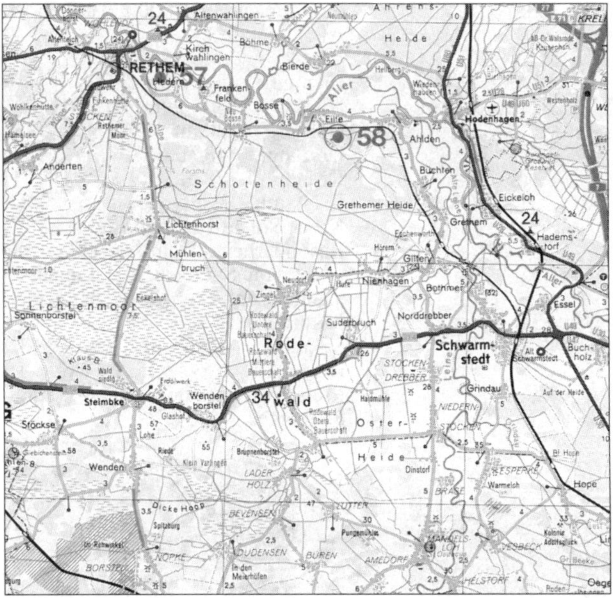

57 Alte Ulme in Frankenfeld

Baumart: Ulme
Alter: 300-350 Jahre
Höhe: 23 m
Umfang: 610 cm
Krone: 20 m
Forstamt: Walsrode
Kreis: Soltau-Fallingbostel
Besonderheiten: große Stammhöhlung (1984 ausgebrannt); frische Starkastbrüche
Naturdenkmal: ja
Standort: auf dem Privatgrund des Gutes Helle-Feldmann, Frankenfeld freie Feldmark etwa 300 m westlich des Ortes und ca. 300 m südlich der Aller.

58 Wotanseiche bei Ahlden

Baumart: Eiche
Alter: 300 Jahre
Höhe: 20 m
Umfang: 485 cm
Krone: 28 m
Forstamt: Walsrode
Kreis: Soltau-Fallingbostel
Besonderheiten: stark geschlängelte Äste, von Stieleichen-Hainbuchen-Wäldern umgeben. Stieleiche.
Naturdenkmal: ja
Standort: Ahlen, im Bereich des Leine-Altwassers kurz vor der Mündung in die Aller. Forstort Schlenke.

Baumart: Buche
Alter: 200-300 Jahre
Höhe: 25 m
Umfang: 415 cm
Krone: 20 m
Kreis: Uelzen
Besonderheiten: bis auf die Erde reichende, harmonisch geformte Krone
Naturdenkmal: ja

59 Hutebuche bei Wulfsode

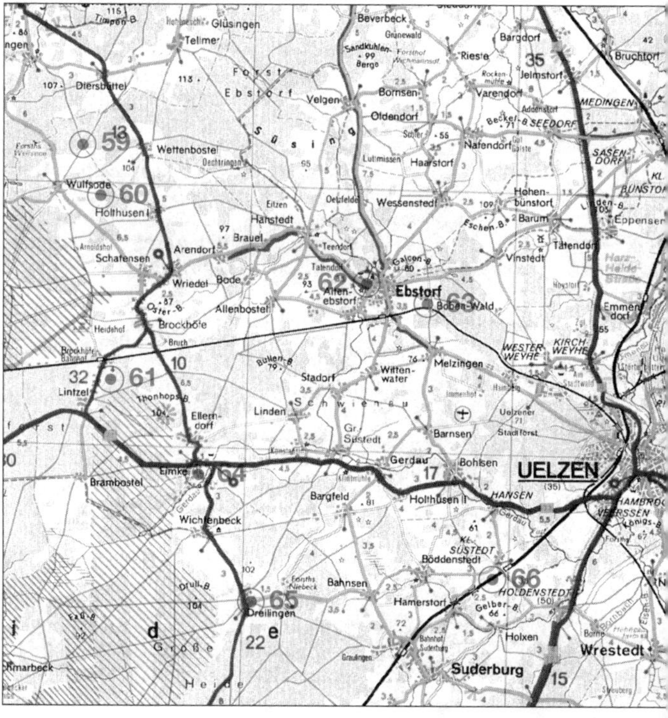

Standort: 200 m nördlich der Verbindungsstraße Wulfsode-Wettenbostel. Ca. 800 m hinter dem Ortsausgang Wulfsode, etwas versteckt am Waldrand

60 Buche bei Wulfsode

Baumart: Buche
Alter: 250-350 Jahre
Höhe: 25 m
Umfang: 570 cm
Krone: 26 m
Kreis: Uelzen
Besonderheiten: alte Hutebuche mit symmetrischem Kronenaufbau. Äste bis zur Erde reichend.
Naturdenkmal: ja
Standort: etwa 1,5 km westlich Holthusen. Bestandteil einer lockeren Baumreihe, die in etwa 1oo m Entfernung parallel zum Feldweg nach Wulfsode verläuft

61 Hutebuche bei Brockhöfe

Baumart: Buche
Alter: 200-300 Jahre
Höhe: 17 m
Umfang: 665 cm
Krone: 26 m
Kreis: Uelzen
Besonderheiten: auffällig starke Drehung des Erdstammes bei gleichzeitiger Auflösung in mehrere Äste kurz über dem Erdboden. Zwei weitere, typische Hutebuchen in der Nähe.
Naturdenkmal: ja
Standort: etwa 1 km östlich Lintzel, nördlich des „Lindener Weges“, in einem Kiefernbestand, etwa 60 m vom Weg entfernt

62 Waterloo-Eiche in Ebstorf

Baumart: Eiche
Alter: 174 Jahre
Höhe: 26 m
Umfang: 425 cm
Krone: 33 m
Forstamt: Ebstorf
Kreis: Uelzen
Besonderheiten: walzenförmiger Stamm bis etwa 6 m Höhe, ausladende Krone. Gepflanzt als Erinnerung an die Schlacht bei Waterloo am 18. 06. 1815. Stieleiche.
Naturdenkmal: ja
Standort: Ebstorf-Ortslage

63 Königseiche im Bobenwald bei Ebstorf

Baumart: Eiche
Alter: 600 Jahre
Höhe: 35 m
Umfang: 780 cm
Krone: 27 m
Forstamt: Ebstorf
Kreis: Uelzen
Besonderheiten: mächtiger Baum am Waldrand, himmelstrebend. Das Forstamt hat an einem Starkast 400 Jahresringe gezählt und dann noch 200 Jahre hinzugerechnet. Stieleiche.
Naturdenkmal: ja
Standort: Forstort Westerholz am Waldrand

64 Eiche in Eimke

Baumart: Eiche
Alter: 500-600 Jahre
Höhe: 26 m
Umfang: 730 cm
Krone: 26 m
Kreis: Uelzen
Besonderheiten: Kronenansatz in

Mannshöhe, von starken, bouquettförmig aufstrebenden Ästen geformt. Dicht belaubt.
Naturdenkmal: ja
Standort: auf dem Kirchplatz in Eimke

65 Hainbuche bei Dreilingen

Baumart: Hainbuche
Alter: 250-300 Jahre
Höhe: 12 m
Umfang: 395 cm
Krone: 15 m
Kreis: Uelzen
Besonderheiten: Mannshoher, knorriger, zerfurchter Stamm mit durchgehendem Längsriß. Aus dem Stamm haben sich viele neue Triebe regeneriert.
Naturdenkmal: ja
Standort: etwa 1 km südwestlich von Dreilingen, auf einem Acker, 15 m vom Feldweg entfernt, in Richtung Dreilingen, auf der rechten Seite

66 Fünfstämmige Kiefer bei Holdenstedt

Baumart: Kiefer
Alter: 150 Jahre
Höhe: 10 m
Umfang: 345 cm
Krone: 12 m
Kreis: Uelzen
Besonderheiten: Stamm verzweigt sich in 1 bis 2 m Höhe in fünf Achsen.
Naturdenkmal: ja
Standort: 100 m westlich km 4,4 an der Straße von Holdenstedt nach Klein-Süßstedt

Kreis Lüchow-Dannenberg

67 Riesenkastanie in Hitzacker

Baumart: Kastanie
Alter: 370 Jahre
Höhe: 15 m
Umfang: 410 cm in 8 m Höhe
Krone: 25m
Forstamt: Blechede
Kreis: Lüchow-Dannenberg
Besonderheiten: Kandelaberwuchs nach Art der Tanzlinden, ganz knorrig, verwachsen, voll gesund. Erhaltung durch Prof. Heinrich Nordhoff,VW Chef nach 1945.
Naturdenkmal: ja
Standort: im Ortsbereich von Hitzacker (am Fuße des sagenumwobenen Weinberges.)

68 Dorflinde in Lenzen

Baumart: Linde
Alter: 300 Jahre
Höhe: 22 m
Umfang: 370 cm
Krone: 22 m

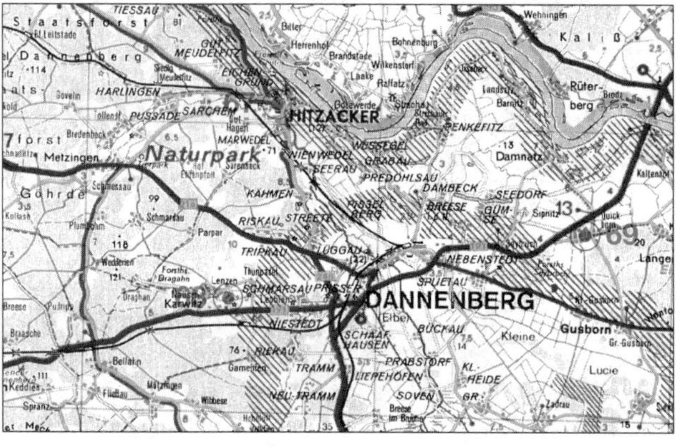

Kreis: Lüchow-Dannenberg
Besonderheiten: tief gegabelter, großkroniger, dicht belaubter Baum.
Naturdenkmal: ja
Standort: auf dem Dorfplatz, neben der Kapelle in Lenzen

69 Pyramideneiche in Quickborn

Baumart: Eiche
Alter: 250 Jahre
Höhe: 29 m
Umfang: 300 cm
Krone: 7 m
Kreis: Lüchow-Dannenberg
Besonderheiten: sehr ausgeprägte, pyramidale Kronenform.
Naturdenkmal: ja
Standort: im Garten des Pfarrhauses, an der Ortsdurchfahrt in Dannenberg-Quickborn

70 Eichen an der Elbholzallee bei Gartow

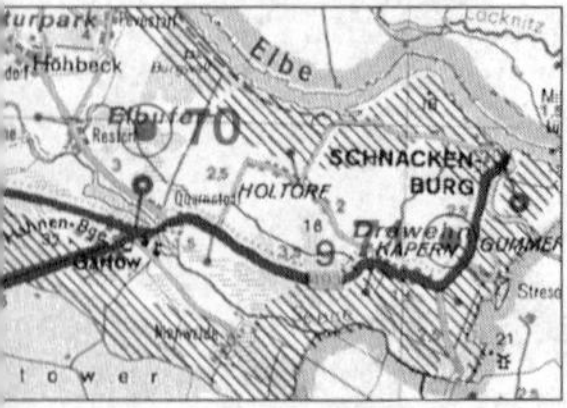

Baumart: Eiche
Alter: 200-300 Jahre
Höhe: 30 m
Umfang: 400-450 cm
Krone: 10-15 m
Forstamt: Lüchow
Kreis: Lüchow-Dannenberg
Besonderheiten: interessante Allee, von gutem Wuchs. Stieleichen.
Naturdenkmal: nein
Standort: vom Parkplatz nördlich des Gartower Sees in Richtung Elbholz

71 Eiche bei Kapern

Baumart: Eiche
Alter: 450-550 Jahre
Höhe: 19 m
Umfang: 600 cm
Krone: 23 m
Kreis: Lüchow-Dannenberg

Besonderheiten: walzenförmiger Stamm, löst sich in Mannshöhe in weitausladende, tief herabreichende Äste auf. Eindrucksvoller Solitär.
Naturdenkmal: ja
Standort: direkt neben der B 493, etwa 1 km nach dem Ortsausgang von Gartow-Kapern in Richtung Schnackenburg, auf der linken Seite

72 Eiche in Küsten

Baumart: Eiche
Alter: 400 Jahre
Höhe: 28 m
Umfang: 550 cm
Krone: 30 m
Forstamt: Lüchow
Kreis: Lüchow-Dannenberg
Besonderheiten: auffallend starke Krone. Stieleiche.
Naturdenkmal: nein
Standort: mitten im Rundling

73 Kirchlinde in Jeetzel

Baumart: Linde
Alter: 350-450 Jahre
Höhe: 27 m
Umfang: 525 cm
Krone: 19 m
Kreis: Lüchow-Dannenberg
Besonderheiten: hohler, durchgehender Stamm, tiefreichende Krone. Schönes Ensemble mit hölzernem Glockenturm und Kirche.
Naturdenkmal: ja
Standort: neben der Kapelle in Lüchow-Jeetzel

74 Eichen in Schnega

Baumart: Eiche
Alter: 400 Jahre
Höhe: 20 m
Umfang: 500 cm
Krone: 12 m
Forstamt: Lüchow
Kreis: Lüchow-Dannenberg
Besonderheiten: drei Stieleichen.
Naturdenkmal: ja
Standort: am Schafstall in Schnega

75 Eiche auf dem Tanzplatz in Schnega

Baumart: Eiche
Alter: 300-400 Jahre
Höhe: 15 m
Umfang: 565 cm
Krone: 18 m
Kreis: Lüchow-Dannenberg
Besonderheiten: Habitus ähnelt einer menschlichen Gestalt. Auf dem Tanzplatz, der auf heidnische Gebräuche zurückgeht, zwei weitere Eichen. Ende Juli wird hier ein Erntefest gefeiert.
Naturdenkmal: ja
Standort: am Ortseingang von Schnega, aus Richtung Wöhningen/Oldendorf kommend, in Clenze-Schnega

76 Große Eiche in der Zeege bei Banzau

Baumart: Eiche
Alter: 300-350 Jahre
Höhe: 34 m
Umfang: 485 cm
Krone: 25 m
Kreis: Lüchow-Dannenberg
Besonderheiten: Stieleiche. Durchgehender Stamm, bis auf etwa 12 m Höhe astfrei.
Naturdenkmal: ja

185 Alteiche am Palmenhaus im Destedter Park

68 Dorflinde in Lenzen

214 Evalinde auf der Stauffenburg bei Seesen

124 Süntelbuchen auf dem Dachtelfeld bei Raden

259 „1000jährige“ Gerichtseiche in Groß-Schneen

25 Everseiche in Osnabrück

219 Kaisereiche im Solling

34 Starkbuche in Otterndorf

254 Eiche am Ehrenmal in Jühnde

150 Linde von Upstedt

221 Missionseiche bei Brüggefeld

235 Gerichtslinde in Pöhlde

40 Eiche bei Engeo

257 „Hans-Eiche“ bei Sennickerode

198 Kaiser-Lothar-Linde in Königslutter

186 Pastorenlinde im Destedter Park

Standort: in der Wegegabelung Malsleben/Banzau bei Clenze-Bergen, etwa 70 m von der Straße entfernt, in einem Waldbestand

77 Eiche in Thune

Baumart: Eiche
Alter: 400 Jahre
Höhe: 20 m
Umfang: 650 cm
Krone: 18 m
Forstamt: Lüchow
Kreis: Lüchow-Dannenberg
Besonderheiten: auffallend starker Baum, der das Ortsbild prägt.
Naturdenkmal: ja
Standort: an der Straßenkurve in der nördlichen Ortseinfahrt von Thune

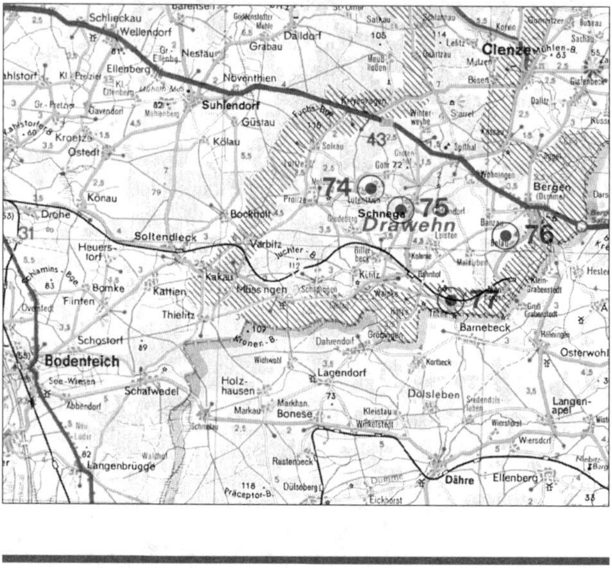

78 "Hillige Eeke" in Müden (Örtze)

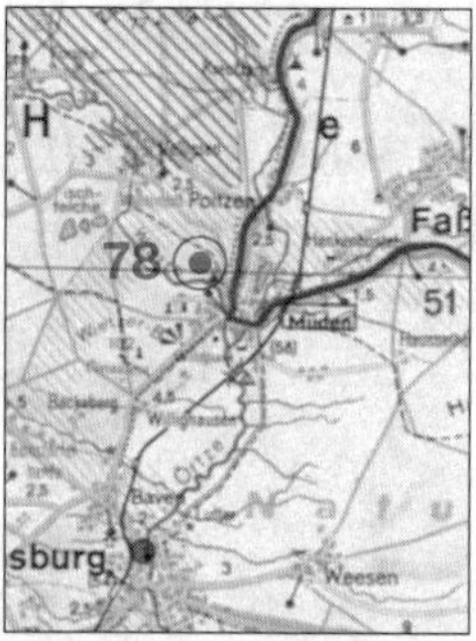

Baumart: Eiche
Alter: 350-450 Jahre
Höhe: 22 m
Umfang: 550 cm
Krone: 23 m
Kreis: Celle
Besonderheiten: Stamm teilt sich in Mannshöhe in zahlreiche, senkrecht emporragende Äste.
Naturdenkmal: ja
Standort: am Ortsausgang von Faßberg-Müden in Richtung Munster, der Abzweigung nach Winterhöff folgend, befindet sich der Baum nach 150 m auf der linken Seite der Straße

79 Eiche in Bergen

Baumart: Eiche
Alter: 300-400 Jahre
Höhe: 24 m
Umfang: 680 cm
Krone: 25 m
Kreis: Celle
Besonderheiten: mächtiger Stamm, der sich in etwa 6 m Höhe teilt.
Naturdenkmal: ja
Standort: auf dem Kirchplatz in Bergen, hinter der Kirche

80 Alteiche in Weyhausen

Baumart: Eiche
Alter: 400-500 Jahre
Höhe: 26 m
Umfang: 580 cm
Krone: 19 m
Kreis: Celle
Besonderheiten: ortsprägend, oberer Kronenbereich absterbend.
Naturdenkmal: ja
Standort: an der Straßenkreuzung in Weyhausen (B 191/Hagener Straße)

81 Breitkronige Eiche in Weyhausen

Baumart: Eiche
Alter: 300-400 Jahre
Höhe: 24 m
Umfang: 430 cm
Krone: 26 m
Kreis: Celle
Besonderheiten: weit ausladende Krone. Vital
Naturdenkmal: nein
Standort: an der Hagener Straße, etwa 50 m von der Kreuzung mit der B 191 entfernt, rechts

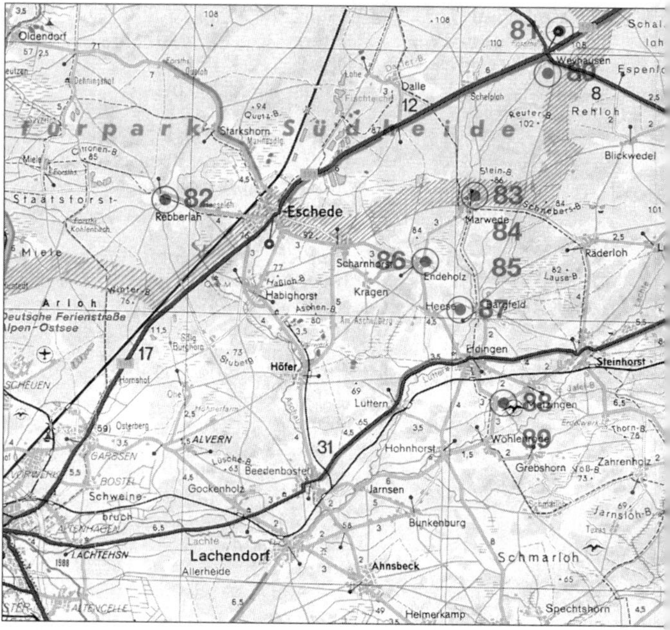

82 Linde in Rebberlah

Baumart: Linde
Alter: 600-700 Jahre
Höhe: 18 m
Umfang: 800 cm
Krone: 12 m
Kreis: Celle
Besonderheiten: die Krone ist stark gestutzt. Kurzer, kräftiger Stamm mit steil gestellten Ästen.
Naturdenkmal: ja
Standort: im Garten der Villa Bühmann in Rebberlah

83 Eiche am Rädeloher Weg in Marwede

Baumart: Eiche
Alter: 350-450 Jahre
Höhe: 23 m
Umfang: 520 cm
Krone: 20 m
Kreis: Celle
Besonderheiten: über etwa 2,5 m hohem Stamm zahlreiche Steiläste. Krone seitlich gestutzt.
Naturdenkmal: ja
Standort: am Rädeloher Weg, etwa 100 m von der Spitze Rädeloher-/Blickwedeler-Weg entfernt, links

84 Eiche am Blickwedeler Weg in Marwede

Baumart: Eiche
Alter: 300-400 Jahre
Höhe: 22 m
Umfang: 440 cm
Krone: 22 m
Kreis: Celle
Besonderheiten: fünf starke Steiläste ab 3 m Höhe. Gefällige, volle Krone.
Naturdenkmal: ja
Standort: Endeholz, Ortsteil Marwede, am Blickwedeler Weg, etwa 50 m hinter der Wegespitze, rechts

85 4 Eichen in Marwede

Baumart: Eiche
Alter: 300-400 Jahre
Höhe: 22 m
Umfang: 350-400 cm
Krone: 12-18 m
Kreis: Celle
Besonderheiten: die Eichen passen in das Ortsbild, das von zahlreichen, alten Hofbäumen geprägt ist. In der Reihe sind die Kronen gegeneinander eingeengt.
Naturdenkmal: ja
Standort: am Rädeloher Weg, in der Wegespitze mit dem Blickwedeler Weg in Endeholz-Marwede

86 Hofeichen bei Endeholz

Baumart: Eiche
Alter: 300-500 Jahre
Höhe: 20-26 m
Umfang: 350-550 cm
Krone: 18-25 m
Kreis: Celle
Besonderheiten: Ansammlung auffallend vieler und starker Hofeichen mit besonderer Ortsprägung.
Naturdenkmal: ja
Standort: auf mehreren Höfen an der Durchgangsstraße von Scharnhorst nach Heesen und an der Abzweigung nach Marwede

87 Linde in Bargfeld

Baumart: Linde
Alter: 300-400 Jahre
Höhe: 25 m
Umfang: 565 cm
Krone: 24 m
Kreis: Celle
Besonderheiten: vollbekronter Ein-

zelbaum mit kandelaberartigem Aufbau.
Naturdenkmal: ja
Standort: am Dorfplatz an der Ortsdurchfahrt

88 Dorflinde in Metzingen

Baumart: Linde
Alter: 500-600 Jahre
Höhe: 20 m
Umfang: 670 cm
Krone: 23 m
Kreis: Celle
Besonderheiten: hohler, offener Stamm, mit Wucherungen, Verwachsungen und Beulen in Form von Gesichtern und Figuren.
Naturdenkmal: ja
Standort: in der Dorfmitte von Lachendorf-Metzingen

89 Hoflinde in Metzingen

Baumart: Linde
Alter: 700 Jahre
Höhe: 18 m
Umfang: 775 cm
Krone: 17 m
Kreis: Celle
Besonderheiten: Stamm völlig hohl, nur die Hälfte des ursprünglichen Stammantels ist noch vorhanden. Die Linde wurde 1918 bei einem Brand stark beschädigt. Im Innenraum wurde früher Skat gespielt.
Naturdenkmal: ja
Standort: auf dem Hofgelände der Familie Severloh in Lachendorf-Metzingen

90 Eiche vor der Garnisonskirche in Celle

Baumart:	Eiche
Alter:	300-400 Jahre
Höhe:	23 m
Umfang:	500 cm
Krone:	12 m
Kreis:	Celle

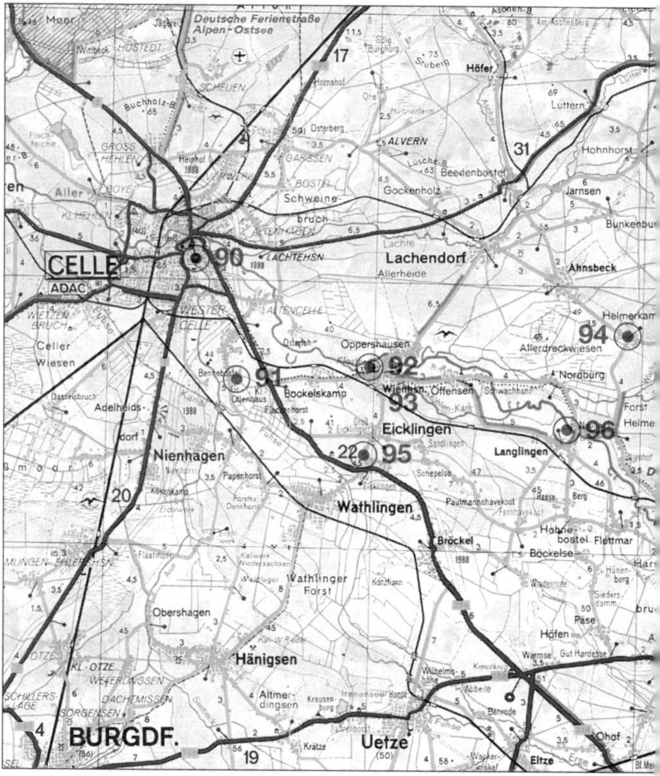

Besonderheiten: Ensemble mit Kirche. Stieleiche. Durchgehender Stamm, stark gestutzte Krone.
Naturdenkmal: ja
Standort: vor der Garnisonskirche in Celle

91 Eiche bei Groß-Ottenhaus

Baumart: Eiche
Alter: 500 Jahre
Höhe: 18 m
Umfang: 610 cm
Krone: 13 m
Kreis: Celle
Besonderheiten: kurzer, durchgehender, weitgehend entrindeter Stamm mit reduzierter Krone.
Naturdenkmal: ja
Standort: Altencelle/Groß-Ottenhaus

92 Eiche im Klosterpark Wienhausen

Baumart: Eiche
Alter: 400 Jahre
Höhe: 22 m
Umfang: 510 cm
Krone: 20 m
Kreis: Celle
Besonderheiten: tiefrissige, markante Rinde, knorrige Erscheinung, im oberen Stammbereich mit Figuren. Weitere bemerkenswerte Bäume im Klosterpark und in der Umgebung.
Naturdenkmal: ja
Standort: am Westrand des Klosterparks.

93 Fabianeiche beim Kloster Wienhausen

Baumart: Eiche
Alter: 550-600 Jahre
Höhe: 11 m
Umfang: 650 cm
Krone: 12 m
Kreis: Celle
Besonderheiten: mächtiger Stamm. Im Rahmen einer Verkehrssicherungsmaßnahme wurde die gesamte Krone entfernt und der Baum verstümmelt.
Naturdenkmal: ja
Standort: im Hof des Klosters Wienhausen

94 Eiche in Helmerkamp

Baumart: Eiche
Alter: 500-550 Jahre
Höhe: 18 m
Umfang: 610 cm
Krone: 13 m
Kreis: Celle
Besonderheiten: durchgehender Stamm, im Mittelteil mit Auswüchsen belegt.
Naturdenkmal: ja
Standort: am Ortsausgang Helmerkamp, Richtung Ahnsbeck, im Vorgarten des Grundstücks Hauptstrasse 3 in Lachendorf-Helmerkamp

95 Hofeiche in Eicklingen

Baumart: Eiche
Alter: 350-450 Jahre
Höhe: 28 m
Umfang: 520 cm
Krone: 29 m
Kreis: Celle
Besonderheiten: weit ausladende Krone, Ensemble mit Fachwerk-Bauernhaus.

Naturdenkmal: ja
Standort: Ortsmitte Eicklingen, Gutsstraße, neben einem Bauernhof

96 Friedhofseiche in Langlingen

Baumart: Eiche
Alter: 300-350 Jahre
Höhe: 19 m
Umfang: 470 cm
Krone: 23 m
Kreis: Celle
Besonderheiten: symmetrische, kugelige, tief angesetzte, mächtige Krone, sehr vital.
Naturdenkmal: ja
Standort: auf dem Dorffriedhof von Glotwedel-Langlingen.

97 Waterloo-Eiche in Donsdorf

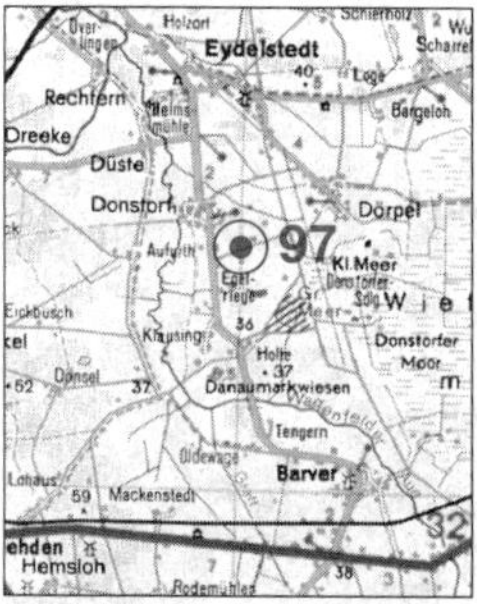

Baumart: Eiche
Alter: 350 Jahre
Höhe: 27 m
Umfang: 580 cm
Krone: 26 m
Kreis: Diepholz
Besonderheiten: kugelige Krone über kurzem Stamm, Zweige bis 2 m über dem Boden hängend. Stieleiche.
Naturdenkmal: ja
Standort: auf dem Gelände des Hofes „Danhollen“ in Eidelstedt-Donsdorf. Die Abzweigung in Egelriege führt direkt auf den Hof

98 Schlangenbuche bei Fahrenhorst

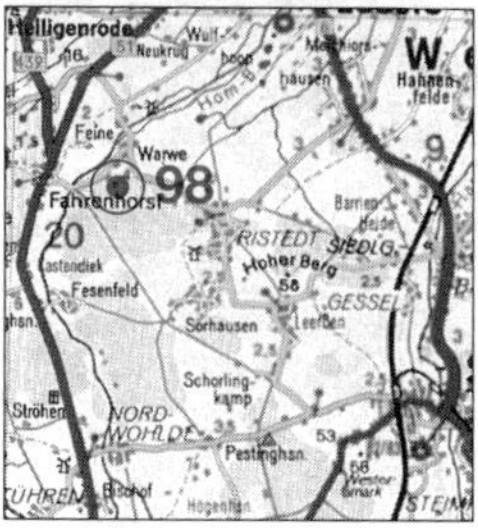

Baumart: Buche
Alter: 200-250 Jahre
Höhe: 15 m
Umfang: 570 cm
Krone: 22 m
Forstamt: Syke
Kreis: Diepholz
Besonderheiten: drei verwachsene Buchen, davon zwei mit Schlangenwuchs, eine normal gewachsen. Bizarre Formen, in ihrer Mitte eine abgestorbene Kiefer.
Naturdenkmal: ja
Standort: in der Abteilung 469 des Staatswaldes Syke im Fahrenhorster Holz. Von Fahrenhorst Richtung Syke, 100 m hinter dem Waldweg „Im Waldesgrund“ am Sportplatz vorbei zur Höhe, etwa 1,5 km, dann zweiter Waldweg links, nach 300 m links im Bestand sichtbar.

99 Stiftsgerichts-eiche oder "Kaffee-Eiche" bei Bassum

Baumart: Eiche
Alter: 450-500 Jahre
Höhe: 23 m
Umfang: 505 cm
Krone: 18 m
Kreis: Diepholz

Besonderheiten: der Stamm teilt sich in Mannshöhe in drei steil angesetzte Starkäste. Kandelaberartiger Habitus. Stamm hohl und offen.„Kaffee-Eiche", weil sich unter der Eiche die adeligen Stiftsdamen zum Kaffeekränzchen trafen.

Naturdenkmal: ja

Standort: südlich des Damenstifts Bassum, links am Fußweg zum Freibad, 300 m vor dessen Eingang, auf einer Wiese. Kirche aus dem 13. Jahrhundert sehenswert. Die Eiche steht auf erhöhtem Rundplatz, von jüngeren Eichen kreisförmig umstellt

100 Lutherlinde in Hassel

Baumart: Linde
Alter: 450-500 Jahre
Höhe: 30 m
Umfang: 535 cm
Krone: 18 m
Kreis: Nienburg (Weser)
Besonderheiten: der starke Stamm teilt sich in 4 m Höhe in drei Hauptachsen auf. Bis ins Innere voll belaubt. Soll in der Reformationszeit zu Ehren Luthers gepflanzt worden sein. Sehenswert: Alte Dorfkirche. Winterlinde.
Naturdenkmal: ja
Standort: vor der Kirche, an der Straße

101 Ulme bei Holte

Baumart: Ulme
Alter: 500-600 Jahre
Höhe: 19 m
Umfang: 750 cm
Krone: 17 m
Kreis: Nienburg (Weser)
Besonderheiten: hohler Stamm mit Löchern, Überwallungen, Verwachsungen. Ein Starkast in etwa 1-2 m Höhe, die übrige Krone bei etwa 8 m angesetzt. Bizarre Erscheinung.
Naturdenkmal: ja
Standort: etwa 400 m südlich der Kreuzung Staffhorster Straße/Hoyaer Straße zweigt ein Weg ab, der direkt nach etwa 700 m zu einem Hof führt. Die Ulme steht an der südlichen Hofausfahrt

102 Lutherlinde in Binnen

Baumart: Linde
Alter: 500 Jahre
Höhe: 22 m
Umfang: 555 cm
Krone: 21 m
Kreis: Nienburg (Weser)
Besonderheiten: Sommerlinde. Kurzer, walzenförmiger Stamm mit dicht belaubter, halbkugeliger Krone. Die Äste wurden beschnitten und bilden zahlreiche Figuren. Soll in der Reformationszeit gepflanzt wordensein.
Naturdenkmal: ja
Standort: vor der sehenswerten Kirche aus dem 13. Jahrhundert

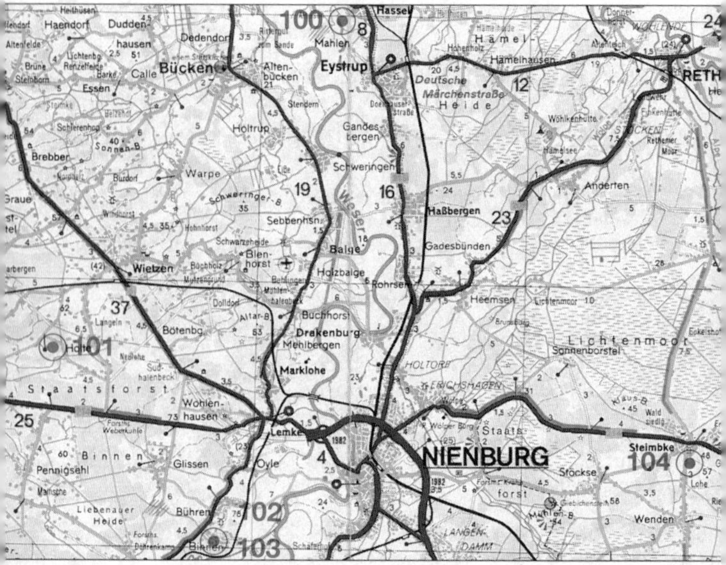

103 Eibe in Binnen

Baumart: Eibe
Alter: 500 Jahre
Höhe: 14 m
Umfang: 255 cm
Krone: 12 m
Kreis: Nienburg (Weser)
Besonderheiten: besonders schöne Baumform, männlich. Zwei weibliche Eiben am Kriegerdenkmal, etwa 40 m entfernt. Zur Zeit der Christianisierung siedelten sich hier Laienmönche an, welche die Eiben anbauten und förderten.
Naturdenkmal: ja
Standort: am Pfarrhaus. Im keltischen Weltbild galt die Eibe als heiliger Baum.

104 "Stremelboom" bei Steimbke

Baumart: Buche
Alter: 250-300 Jahre
Höhe: 29 m
Umfang: 610 m (1907 = 400 cm)
Krone: 21 m
Kreis: Nienburg (Weser)
Besonderheiten: ausgeprägter „Wetterbaum", stark beuliger Stamm, hoch angesetzte Krone. Solitär in der Feldmark.
Naturdenkmal: ja
Standort: westlich der Straße Wenden – Steimbke, auf einem Feld

105 "Tillylinde" in Warmsen

Baumart: Linde
Alter: 300-350 Jahre
Höhe: 16 m
Umfang: 385 cm (1907=330 cm)
Krone: 18 m
Kreis: Nienburg (Weser)
Besonderheiten: bizarrer Wuchs,

kandelaberförmige, tief angesetzte-Krone.
Naturdenkmal: ja
Standort: auf der Verkehrsinsel in der Dorfmitte von Warmsen

106 Eiche in der Weseraue bei Diethe

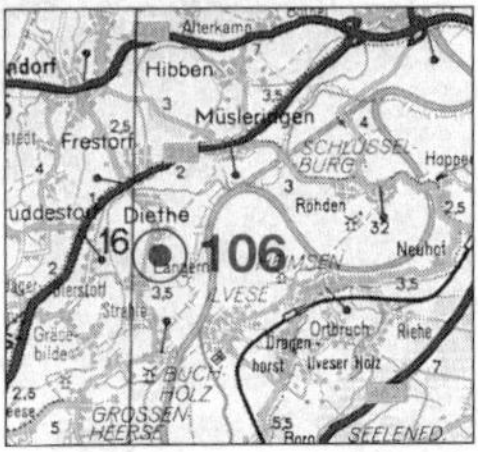

Baumart: Eiche
Alter: 350-450 Jahre
Höhe: 26 m
Umfang: 580 cm
Krone: 18 m
Kreis: Nienburg (Weser)
Besonderheiten: durchgehender Stamm, hoch angesetzte Krone. Stieleiche.
Naturdenkmal: ja
Standort: in der Wesermarsch östlich des Wesergrabens zwischen Stolzenau-Diethe und Langern

107 Alte Dorflinde in Bohnhorst

Baumart: Linde
Alter: 800-1000 Jahre
Höhe: 15 m
Umfang: 525 cm (Rest)
Krone: 15 m/7 m
Kreis: Nienburg (Weser)
Besonderheiten: bizarres, zweiteiliges Stammfragment einer vormals mächtigen Sommerlinde.
Naturdenkmal: ja
Standort: aus Richtung Warmsen kommend, auf der linken Seite der Ortsdurchfahrt, etwa in der Dorfmitte

108 Wilhelm-Rabe-Eiche bei Luttmersen

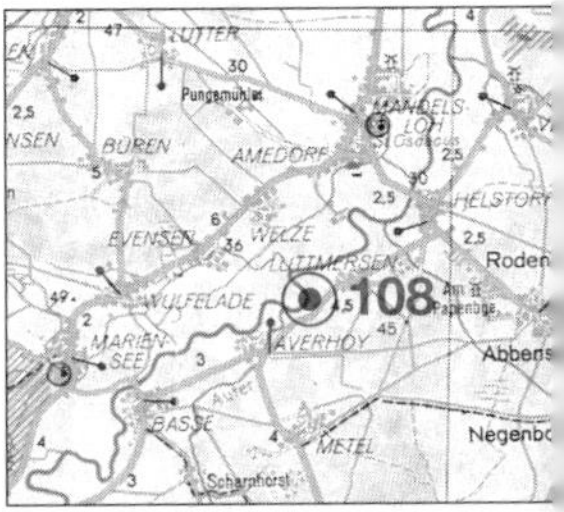

Baumart: Eiche
Alter: 450-550 Jahre
Höhe: 23 m
Umfang: 645 cm
Krone: 24 m
Kreis: Hannover
Besonderheiten: der mächtige Stamm löst sich in etwa 3-4 m Höhe in baumstarke Äste auf. Stieleiche.
Naturdenkmal: ja
Standort: in der Feldflur von Neustadt-Luttmersen, an der Straße von Luttmersen nach Averhoy, 15 m westlich, etwa bei km 9,75

109 Friedrichseiche bei Wichtringhausen

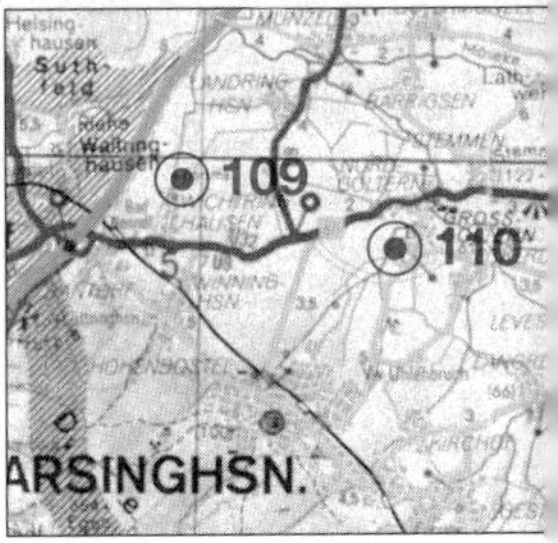

Baumart: Eiche
Alter: 350-450 Jahre
Höhe: 28 m
Umfang: 510 cm
Krone: 19 m
Kreis: Hannover
Besonderheiten: Stieleiche. Rindenverletzungen, Stammfäule, Trockenäste.
Naturdenkmal: ja
Standort: im Wald, nördlich von Barsinghausen-Wichtringhausen, 210 m östlich des Forsthauses, beziehungsweise 15 m nördlich des Waldrandes

110 "Tillylinde" in Großgoltern

Baumart: Linde
Alter: 600-700 Jahre
Höhe: 21 m (1907= 20 m)
Umfang: 815 cm 1907 = 780 cm)
Krone: 21 m (1907 = 16 m)
Kreis: Hannover
Besonderheiten: der Stamm ist völlig hohl und auf 1 m Breite offen. Viel-

astige Krone, dicht belaubt. Sommerlinde, saniert.
Naturdenkmal: ja
Standort: neben der Kirche in Barsinghausen-Großgoltern, zwischen Kirchturm und Pfarrhaus

111 "Ziegeneiche" bei Wennigsen

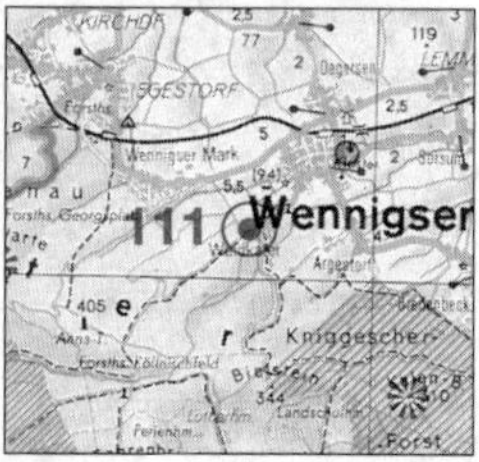

Baumart: Eiche
Alter: 350-450 Jahre
Höhe: 28 m
Umfang: 515 cm (1907= 416 cm)
Krone: 20 m
Kreis: Hannover
Besonderheiten: der knorrige Stamm teilt sich in ca. 10 m Höhe in drei Starkäste. Stieleiche.
Naturdenkmal: ja
Standort: 150 m östlich des Parkplatzes „Waldkater", an der Ecke Waldrand/Alte Münder Heerstraße

112 Eichen im Saupark Springe

Baumart: Eiche
Alter: 300 Jahre
Höhe: 25 m
Umfang: 240-500 cm
Krone: 15-20 m
Forstamt: Saupark
Kreis: Hannover
Besonderheiten: alter Huteeichenbestand – mit Buchen und Hainbuchen und einzelnen Eschen durchsetzt. Zum Teil bizarre Formen und Verwachsungen, vielfach Rindenschäden durch die Wisente. Stieleichen.
Naturdenkmal: NSG
Standort: Alteichen im Wisentgehege

113 Büschelbuche im Saupark Springe

Baumart: Buche
Alter: 210 Jahre
Höhe: 26 m
Umfang: 630 cm
Krone: 24 m
Forstamt: Saupark
Kreis: Hannover
Besonderheiten: fünf Jungpflanzen wurden gebündelt gepflanzt, um große Kronen für den Fruchtansatz zu bilden.
Naturdenkmal: ja
Standort: an der Wildwiese in Altenhagen

114 Franz-Ferdinand-Eiche im Saupark Springe

Baumart: Eiche
Alter: 350 Jahre
Höhe: 32 m
Umfang: 605 cm
Krone: 22 m
Forstamt: Saupark
Kreis: Hannover
Besonderheiten: von weiteren starken Eichen und Buchen umgeben; am Fuße und in der Krone mit einer schwachen Buche angenähert; besonders starker und schöner Baum. Stieleiche.
Naturdenkmal: ja
Standort: im NSG Saupark Springe.

115 "Ludwig-Richter-Baum" im Tiergarten von Hannover-Kirchrode

Baumart: Hainbuche
Alter: 250-300 Jahre
Höhe: 22 m
Umfang: 470 cm
Krone: 28 m
Forstamt: Stadtforstamt Hannover
Kreis: Stadt Hannover
Besonderheiten: Stamm extrem spannrückig, weit ausladende Krone.
Naturdenkmal: ja
Standort: im Tiergarten, im Zentrum von Hannover-Kirchrode. Der Tiergarten wurde 1679 angelegt. Er beherbergt heute einheimische Tierarten.

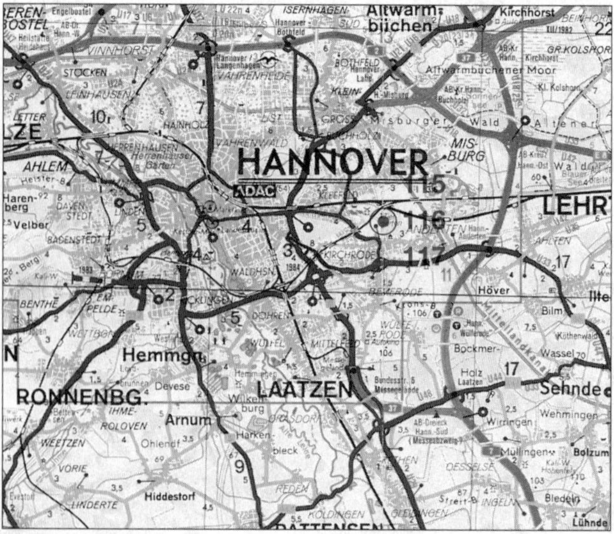

116 Eiche im Tiergarten von Kirchrode

Baumart: Eiche
Alter: 500 Jahre
Höhe: 25 m
Umfang: 680 cm
Krone: 24 m
Kreis: Stadt Hannover
Besonderheiten: Stieleiche. Knorriger Stamm, weit ausladende Krone. Blitzschaden. Der Baum ist von einer Einzäunung umgeben.
Naturdenkmal: ja
Standort: etwa 100 m nordwestlich des Haupteinganges zum Tiergarten in Hannover-Kirchrode

117 Märcheneiche in Hannover

Baumart: Eiche
Alter: 400-500 Jahre
Höhe: 20 m
Umfang: 560 cm
Krone: 24 m
Kreis: Stadt Hannover
Besonderheiten: teilweise hohler Stamm, teilt sich in etwa 2 m Höhe in starke Äste auf. Weit ausladende Krone. Stieleiche.
Naturdenkmal: ja
Standort: vor dem Queens-Hotel (am Tiergarten)

118 Hofeiche in Kuckshagen

Baumart: Eiche
Alter: 350 Jahre
Höhe: 23 m
Umfang: 455 cm
Krone: 22 m
Kreis: Schaumburg
Besonderheiten: Stieleiche, tief herabreichende Krone, imposanter Hofbaum.
Naturdenkmal: ja
Standort: am Ortseingang von Meerbeck-Kuckshagen, auf dem Hofgelände der Familie Lange-Daake

119 Gerichtslinde in Obernkirchen

Baumart: Linde
Alter: 300 Jahre
Höhe: 11 m
Umfang: 375 cm
Krone: 12 m
Kreis: Schaumburg
Besonderheiten: kleiner, kompakter Baum mit kurzem, hohlem und offenem Stamm und kleiner, halbkugeliger Krone.
Naturdenkmal: ja
Standort: am Ende der Bergamtsstraße, vor dem ehemaligen Verwaltungsgebäude (jetzt Altenheim) des Gesamtbergamtes Obernkirchen

120 Kirchlinde in Kathrinhagen

Baumart: Linde
Alter: 600-800 Jahre
Höhe: 22 m
Umfang: 955 cm
Krone: 23 m
Kreis: Schaumburg
Besonderheiten: vielarmige, senkrecht aufstrebende Krone über vollständig hohlem und teilweise

offenen Stamm. Sommerlinde.
Naturdenkmal: ja
Standort: vor der Kirche und dem Friedhof in Auetal-Kathrinhagen, an der Straße in Richtung Borstel

Baumart: Buche
Alter: 200-300 Jahre
Höhe: 20 m
Umfang: 485 cm
Krone: 21 m
Kreis: Schaumburg
Besonderheiten: geschwungener Wuchs des starken Stammes und aller Äste.

121 Süntelbuche in Lauenau

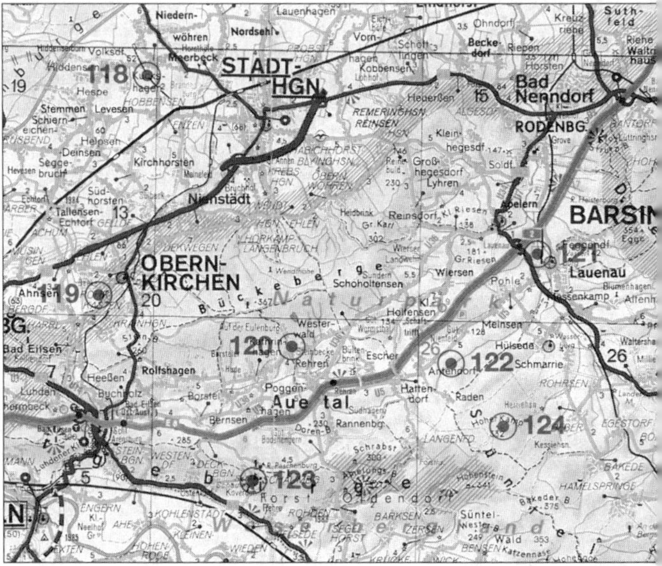

Naturdenkmal: ja
Standort: im Volkspark (ehem.Forstamtsgarten). Der Bereich, in dem der Baum steht, ist eingezäunt.

122 Süntelbuche bei Raden

Baumart: Buche
Alter: 300-350 Jahre
Höhe: 18 m
Umfang: 540 cm
Krone: 26 m
Forstamt: Stadtoldendorf
Kreis: Schaumburg
Besonderheiten: stärkste und bekannteste Süntelbuche Deutschlands mit den typischen Knickungen in allen Ästen.
Naturdenkmal: ja
Standort: im Privatwald Münchhausen, am Nordrand des Süntelgebirges, ca. 1 km nordöstlich von Raden, in Waldrandnähe. Der Weg ist beschildert.

123 Blutlinde vor der Schaumburg bei Rinteln

Baumart: Linde
Alter: 500-600 Jahre
Höhe: 9 m
Umfang: 860 cm
Krone: 12 m
Forstamt: Rinteln
Kreis: Schaumburg
Besonderheiten: zwei Stämme, 1983 wurde die Krone aus Sicherheitsgründen gekappt. Alter Thingplatz. Winterlinde.
Naturdenkmal: ja
Standort: Parkplatz vor der Burg Schaumburg

Kreis Hameln-Pyrmont

124 Süntelbuchen auf dem Dachtelfeld bei Raden

Baumart: Buche
Alter: 100-200 Jahre
Höhe: 12 m
Umfang: 240 cm
Krone: 22 m
Forstamt: Oldendorf
Kreis: Hameln-Pyrmont
Besonderheiten: Dacheln = Tacheln = Schlagen. 782 wurden hier die Franken Karls d. Gr. durch die Sachsen unter Widukind geschlagen (Blutbachtal): vier Süntelbuchen.
Naturdenkmal: nein
Standort: Waldabt. 239. Auf dem Dachtelfeld, 4 km nordwestl. von Bakede

125 Süntelbuche in Bad Münder

Baumart: Buche
Alter: 150-200 Jahre
Höhe: 9 m
Umfang: 365 cm
Krone: 18 m
Kreis: Hameln-Pyrmont
Besonderheiten: glockenförmige Krone bis zum Boden, völlig abge-

schirmter Innenraum. Geknickte Zweige.
Naturdenkmal: ja
Standort: Ecke Lange Straße/Wermuthstraße, hinter dem Gebäude der Stadtverwaltung in Bad Münder

126 Burckhardt-Eiche bei Brünnighausen

Baumart: Eiche
Alter: 350- 450 Jahre
Höhe: 29 m
Umfang: 525 cm
Krone: 19 m
Kreis: Hameln-Pyrmont
Besonderheiten: leicht beuliger Stamm, der sich in etwa 4 m Höhe in mehrere steil angesetzte Äste teilt. Gedrungene Krone. Stieleiche.
Naturdenkmal: nein
Standort: unmittelbar neben dem am Waldrand verlaufenden Verbindungsweg zwischen Brünnighausen und Dörpe, in etwa 100 m Entfernung von der Wegekreuzung am Waldrand oberhalb von Brünnighausen

127 Kaisereiche bei Osterwald

Baumart: Eiche
Alter: 450-550 Jahre
Höhe: 28 m
Umfang: 590 cm
Krone: 22 m
Kreis: Hameln-Pyrmont
Besonderheiten: Traubeneiche im Zerfallszustand. Blitzrinnen, Astausbrüche, Trockenäste, Stammfäule.
Naturdenkmal: ja
Standort: vom Waldparkplatz (Am Anhalt) von Osterwald folgt man ei-

nem Waldweg etwa 700 m. Die Eiche steht ca. 20 m südlich des Weges

128 Eiche bei Duensen

Baumart: Eiche
Alter: 350 Jahre
Höhe: 11 m
Umfang: 470 cm
Krone: 15 m
Kreis: Hameln-Pyrmont
Besonderheiten: zerzauste, kleine Stieleiche mit hohlem, offenem Stamm auf exponiertem Standort. Stieleiche.
Naturdenkmal: nein
Standort: Grenzbaum zwischen Niedersachsen und Nordrhein-Westfalen an der Straße von Aerzen nach Alverdissen

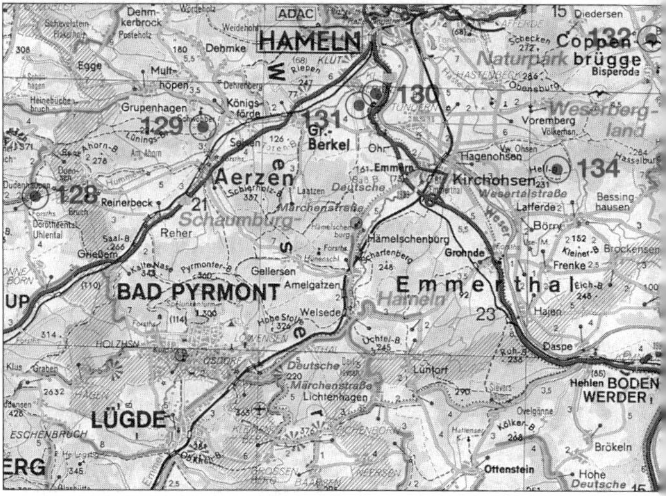

129 Königseiche bei Aerzen

Baumart: Eiche
Alter: 400 Jahre
Höhe: 22 m
Umfang: 430 cm
Krone: 23 m
Kreis: Hameln-Pyrmont
Besonderheiten: Der Stamm löst sich in 6 m Höhe in drei Starkäste auf, von denen einer abgebrochen ist. Unharmonisches Gesamtbild. Traubeneiche.
Naturdenkmal: ja
Standort: vom Ortsausgang Aerzen in Richtung Königsförde etwa 500 m in nordwestlicher Richtung am Waldrand

130 Schlitzblättrige Buche in Ohr

Baumart: Buche
Alter: 200-300 Jahre
Höhe: 26 m
Umfang: 670 cm
Krone: 21 m
Kreis: Hameln-Pyrmont
Besonderheiten: kurzer Stamm mit bizarren Verwachsungen, baldachinförmige Krone, schlitzblättrige Form.
Naturdenkmal: nein
Standort: im Ohrbergpark in Emmerthal-Ohr

131 Platane bei Ohr

Baumart: Platane
Alter: 200-300 Jahre
Höhe: 25 m
Umfang: 750 cm
Krone: 28 m
Kreis: Hameln-Pyrmont
Besonderheiten: in etwa 3 m Höhe teilt sich der mächtige Stamm in

starke Äste auf. Bilder, Gesichter, Figuren auf dem mächtigen Stamm.
Naturdenkmal: nein
Standort: etwa 30 m östlich der B 83 auf einem Feld, 100 m nördlich des Ortsausganges von Emmerthal Ohr

132 Peterlinde in Coppenbrügge

Baumart: Linde
Alter: 500 Jahre
Höhe: 24 m (1907=15 m)
Umfang: 620 cm (1907= 425 cm)
Krone: 18 m (1907 = 30 m)
Kreis: Hameln-Pyrmont
Besonderheiten: Sommerlinde. Erste Starkäste knapp über dem Stammfuß. Die nächsten Äste sind jeweils im 3 m-Abstand angesetzt.
Naturdenkmal: ja
Standort: auf dem Wall der Burg Coppenbrügge. Der Fußweg dorthin zweigt unmittelbar vor dem Schloßtor nach rechts ab.

133 Tillylinde bei Hemmendorf

Baumart: Linde
Alter: 375 Jahre
Höhe: 15 m
Umfang: 535 cm
Krone: 15 m
Kreis: Hameln-Pyrmont
Besonderheiten: Sommerlinde. Über kurzem, walzenförmigem Stamm erhebt sich eine aus wenigen, kurzen Ästen bestehende, spärliche Krone. Gerichtslinde des Amtes Lauenstein. Wahrbaum, Thielinde, Tillylinde. Wahrscheinliche Pflanzung nach Abzug der Truppen Tillys, 1625. Stamm 1907 = 3,5 m. Krone 1895 durch Brand zerstört.

Naturdenkmal: ja
Standort: an einem Feldweg, etwa 3oo m nördlich des Dorfes. Am Ortsausgang in Richtung Marienau zweigt der Röderweg ab. Diesem Weg ca. 200 m folgen und nochmals nach rechts abbiegen.

134 Eiche bei Börry

Baumart:	Eiche
Alter:	300-350 Jahre
Höhe:	29 m
Umfang:	445 cm
Krone:	22 m
Kreis:	Hameln-Pyrmont

Besonderheiten: Stieleiche, asymmetrische Krone.
Naturdenkmal: ja
Standort: an der Straße von Börry nach Völkerhausen, etwa am Scheitelpunkt der Straße

Kreis Hildesheim

135 “Grafeneiche” in Asel

Baumart: Eiche
Alter: 500-600 Jahre
Höhe: 24 m
Umfang: 725 cm
Krone: 29 m
Kreis: Hildesheim
Besonderheiten: Stieleiche. Stamm löst sich in geringer Höhe in baumstarke Äste auf. Blitzschaden.
Naturdenkmal: ja
Standort: an der ehemaligen Hildesheimer Straße (jetzt Sackgasse), gegenüber dem Haus Nr.15

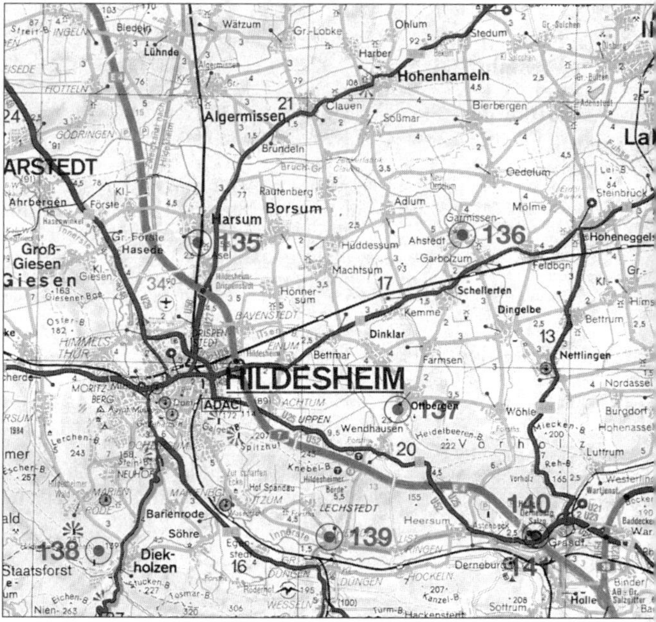

136 Eiche in Ahstedt

Baumart: Eiche
Alter: 300-400 Jahre
Höhe: 22 m
Umfang: 510 cm
Krone: 22 m
Kreis: Hildesheim
Besonderheiten: walzenförmiger Stamm bis in 5 m Höhe, beulig, volle Krone. Mittelpunkt der Gemeinde.
Naturdenkmal: ja
Standort: aus Richtung Schellerten kommend, etwa 100 m vor der Wegegabelung in Richtung Adlum bzw. Oedelum

137 Linde an der Wallfahrtsallee bei Ottbergen

Baumart: Linde
Alter: 300-400 Jahre
Höhe: 19 m
Umfang: 370 cm
Krone: 20 m
Kreis: Hildesheim
Besonderheiten: Winterlinde. Stark beuliger Stamm. Bizarre Form. Ensemble mit Allee und Kapelle.
Naturdenkmal: ja
Standort: in der Allee zur Wallfahrtskapelle

138 Schnepfeneiche bei Diekholzen

Baumart: Eiche
Alter: 300-400 Jahre
Höhe: 29 m
Umfang: 500 cm
Krone: 21 m
Kreis: Hildesheim
Besonderheiten: auffallend hoch angesetzte Krone, gerader, astfreier Stamm bis in etwa 10 m Höhe. Stieleiche.
Naturdenkmal: ja

Standort: ca. 450 m südwestlich des Sportplatzes, an der Sundernstraße, nahe der Beuster

139 Eiche in Walshausen

Baumart: Eiche
Alter: 350-450 Jahre
Höhe: 16 m
Umfang: 565 cm
Krone: 13 m
Kreis: Hildesheim
Besonderheiten: teilweise, hohler, durch Feuer beschädigter Stamm. In etwa 4 m Höhe zwei Starkäste
Naturdenkmal: ja
Standort: in der Südwestecke des Gutsparks in Heinde-Walshausen

140 Linde am Dorfbrunnen in Grasdorf

Baumart: Linde
Alter: 350-450 Jahre
Höhe: 14 m
Umfang: 550 cm
Krone: 16 m
Kreis: Hildesheim
Besonderheiten: kurzer, kompakter Stamm mit dichter, symmetrischer, halbkugelförmiger Krone, Erdstück hohl. Sommerlinde.
Naturdenkmal: ja
Standort: am Dorfbrunnen in Holle-Grasdorf, an der Ortsdurchfahrt

141 Linde vor der Kirche in Grasdorf

Baumart: Linde
Alter: über 500 Jahre
Höhe: 23 m
Umfang: 540 cm
Krone: 19 m
Kreis: Hildesheim
Besonderheiten: Tiefzwiesel. Äste ungewöhnlich gekrümmt und ge-

dreht. Auffallende Verwachsungen. Sommerlinde.
Naturdenkmal: ja
Standort: Holle-Grasdorf, vor der evangelischen Kirche

142 Lindengruppe an der Friedhofskapelle in Banteln

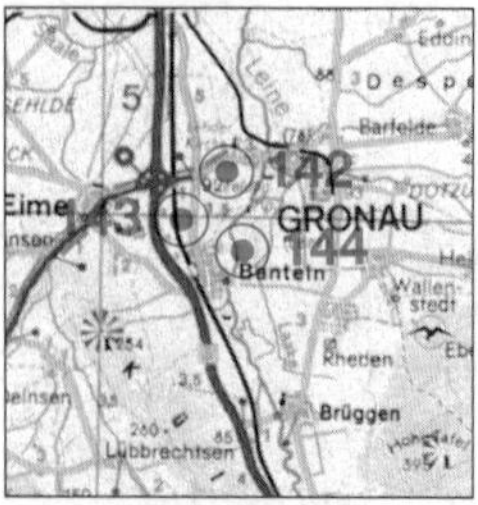

Baumart: Linde
Alter: 250-350 Jahre
Höhe: 30 m
Umfang: 475, 355, 315 cm
Krone: 26 m
Kreis: Hildesheim
Besonderheiten: drei Linden als Ensemble mit der Friedhofskapelle, hoch aufragende Kronen. Eindrucksvolles Lindenfragment neben dem Südeingang.
Naturdenkmal: ja
Standort: auf dem Friedhof Feldbergen bei Gronau-Banteln

143 Eiche am Kirchweg in Banteln

Baumart: Eiche
Alter: 400-500 Jahre
Höhe: 15 m
Umfang: 585 cm
Krone: 20 m
Kreis: Hildesheim
Besonderheiten: stärkster Baum der Eichen- und Lindenallee.
Naturdenkmal: ja
Standort: in der Lindenallee zwischen Gronau-Banteln und dem Friedhof Feldbergen

144 Buche in Banteln

Baumart: Buche
Alter: 250-300 Jahre
Höhe: 23 m
Umfang: 685 cm
Krone: 28 m

Kreis: Hildesheim
Besonderheiten: wulstiger, kurzer Stamm, der sich in Mannshöhe in eine baldachinförmige Krone teilt. Schlitzblättrige Belaubung.
Naturdenkmal: ja
Standort: im Park des Altenheimes in Gronau-Banteln

145 "Kaisereiche" bei Sottrum

Baumart: Eiche
Alter: 700-800 Jahre
Höhe: 27 m
Umfang: 830 cm
Krone: 22 m
Kreis: Hildesheim
Besonderheiten: Stieleiche. Der mächtige Stamm teilt sich nach wenigen Metern Höhe in baumstarke Äste, die steil angesetzt sind und im Kronenbereich noch starke Dimensionen aufweisen.
Naturdenkmal: ja
Standort: an der K 309 von Sottrum nach Hackenstedt, etwa 10 m von der Straße entfernt, in einem Waldstück

146 Linde an der Kirche in Sottrum

Baumart: Linde
Alter: 500-550 Jahre
Höhe: 12 m
Umfang: 660 cm
Krone: 13 m
Kreis: Hildesheim
Besonderheiten: Stamm und Äste hohl. Drei der vier tragenden Äste sind bei einem Sturm im Jahre 1992 - trotz Kronensicherung - abgebrochen.
Naturdenkmal: ja
Standort: vor der Kirche in Sottrum

147 Hainbuche bei Söder

Baumart: Hainbuche
Alter: 250-350 Jahre
Höhe: 25 m
Umfang: 475 cm
Krone: 23 m
Kreis: Hildesheim
Besonderheiten: geriefter Stamm mit tief angesetzten Äste, Rest eines alten Hutewaldes.
Naturdenkmal: ja
Standort: am Waldrand, etwa 1,2 km nördlich von Schloß Söder, östlich der Lindenallee

148 Huteeiche bei Söder

Baumart: Eiche
Alter: 300-400 Jahre
Höhe: 20 m
Umfang: 470 cm
Krone: 26 m
Kreis: Hildesheim

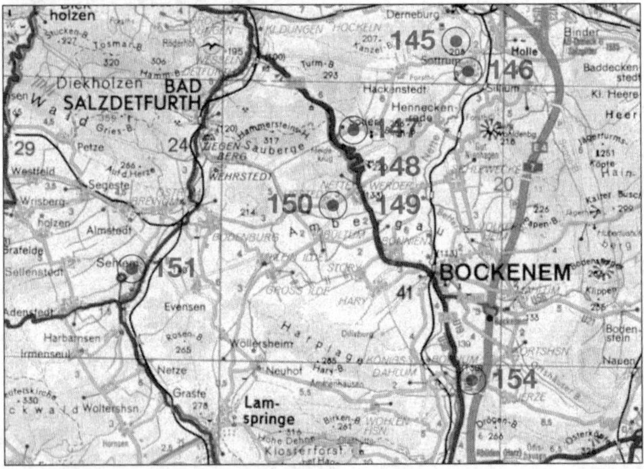

Besonderheiten: walzenförmiger, etwas beuliger Stamm, der sich in etwa 3 m Höhe in eine symmetrische, weit ausladende Krone auflöst, die dicht belaubt ist und bis etwa 2 m Höhe herabreicht. Die Eiche wirkt wie ein Baumpilz.
Naturdenkmal: ja
Standort: etwa 1 km nördlich von Schloß Söder, westlich der Lindenallee, in einer lockeren Baumgruppe

149 Schlangen-Huteeiche bei Söder

Baumart: Eiche
Alter: 300-400 Jahre
Höhe: 25 m
Umfang: 600 cm
Krone: 19 m
Kreis: Hildesheim
Besonderheiten: durchgehender, beuliger Stamm. Ab etwa 4 m Höhe bizarr gedrehte, lange Äste, die schlangenförmig gedreht und gewunden sind. Weitere Huteeichen (Umfang = 400-670 cm) in der Nähe.
Naturdenkmal: ja
Standort: etwa 1,2 km nördlich von Schloß Söder, östlich der Lindenallee, „Hudeeichen" = ortsüblicher Ausdruck für Huteeichen

150 Linde von Upstedt

Baumart: Linde
Alter: über 1000 Jahre
Höhe: 8 m
Umfang: 1200 cm
Krone: 13 m
Forstamt: Alfeld
Kreis: Hildesheim
Besonderheiten: große Stammhöhlung, periodisch werden die Haupt-

äste geköpft, damit sie nicht kopflastig werden. Der Stammantel sieht aus, als seinen geschnitzte Figuren aufgestetzt. Einer der ältesten Bäume Deutschlands. Erstmals um 1100 urkundlich erwähnt.
Naturdenkmal: ja
Standort: in Upstedt-Ortslage.

151 Linde in Sehlem

Baumart: Linde
Alter: 400 Jahre
Höhe: 14 m
Umfang: 515 cm
Krone: 13 m
Kreis: Hildesheim
Besonderheiten: kurzer, hohler Stamm mit Öffnungen an zwei Stellen. Kleine, dicht belaubte Krone.
Naturdenkmal: ja
Standort: vor dem Haus "Am Thieberg" 5 in Lamspringe-Sehlem

152 Kirchlinde in Hoyershausen

Baumart: Linde
Alter: 450 Jahre
Höhe: 24 m
Umfang: 550 cm
Krone: 23 m
Kreis: Hildesheim
Besonderheiten: voll bekronter Solitär
Naturdenkmal: ja
Standort: vor der Kirche in Duingen-Hoyershausen

153 Gerichtslinde in Alfeld

Baumart: Linde
Alter: 350-450 Jahre
Höhe: 17 m
Umfang: 560 cm
Krone: 15 m

Kreis: Hildesheim
Besonderheiten: völlig hohles, offenes Stammfragment, aus dem jüngere Triebe sprossen. Baum der ehemaligen Landgerichtsstätte am alten Dorf „Godinge“ (für niedrige Strafsachen wie Gotteslästerung, Beleidigungen oder Abpflügen).
Naturdenkmal: ja
Standort: im Park - Ecke Holzer Str./ Kaiser-Wilhelm-Str.

154 Eiche in Bornum

Baumart: Eiche
Alter: 350-450 Jahre
Höhe: 23 m
Umfang: 575 cm
Krone: 26 m
Kreis: Hildesheim
Besonderheiten: Stieleiche mit ausladender Krone. An der Kirche ein Lindenstammfragment von etwa 4 m Höhe.
Naturdenkmal: ja
Standort: an der Kirche in Bockenem-Bornum, an der Straße Richtung Ortshausen, Jerze

155 Dicke Eiche in Linse

Baumart: Eiche
Alter: 400-500 Jahre
Höhe: 17 m
Umfang: 620 cm
Krone: 16 m
Kreis: Holzminden
Besonderheiten: durchgehender, mächtiger Stamm, im unteren Bereich hohl und teilweise offen. Dorfmittelpunkt und Verkündungsort für die Dorfbewohner.
Naturdenkmal: ja
Standort: an der Straße „In der March“ (zweigt aus Richtung Bodenwerder unmittelbar vor der Kirche von der B 240 ab)

156 Friedhofslinde bei Ottenstein

Baumart: Linde
Alter: 350-450 Jahre
Höhe: 22 m
Umfang: 525 cm
Krone: 19 m
Kreis: Holzminden
Besonderheiten: Ensemble mit Kirche aus dem 13.Jahrhundert. Harmonische, tief herabreichende Krone. Sommerlinde.
Naturdenkmal: nein
Standort: auf dem Friedhof bei der Hattenser Kirche, etwa 2 km außerhalb Ottensteins, in nördlicher Richtung

157 Eiche bei Ovelgönne

Baumart: Eiche
Alter: 300-350 Jahre
Höhe: 21 m
Umfang: 455 cm
Krone: 24 m
Kreis: Holzminden

Besonderheiten: Stieleiche. Über kurzem Stamm wölbt sich eine weitausladende, tief angesetzte Krone.
Naturdenkmal: ja
Standort: an der Straße von Ottenstein nach Ovelgönne, 500 m vor Ovelgönne, unmittelbar vor der Kurve auf der rechten Seite, ca. 10 m südlich der Straße

158 Eiche am Eichelbach bei Ottenstein

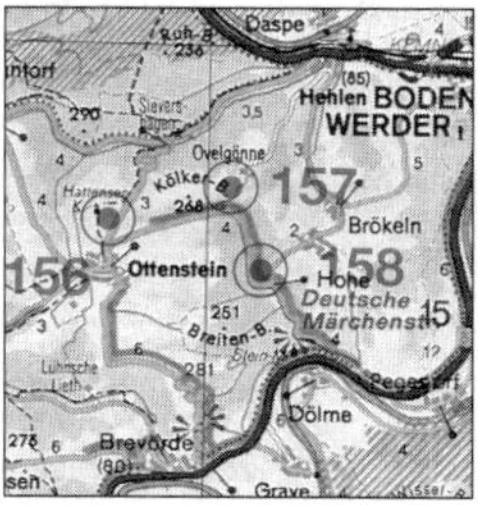

Baumart: Eiche
Alter: 300-400 Jahre
Höhe: 25 m
Umfang: 500 cm
Krone: 24 m
Kreis: Holzminden
Besonderheiten: Stieleiche. Starkastige, tief angesetzte Krone.
Naturdenkmal: nein
Standort: an der Straße Ottenstein-Pegestorf, 150 m vor der Abzweigung nach Bröckeln, auf der rechten Seite, 20 m südlich der Straße am Bach

159 Dicke Eiche bei Holzminden

Baumart: Eiche
Alter: 550-650 Jahre
Höhe: 26 m
Umfang: 710 cm
Krone: 16 m
Kreis: Holzminden
Besonderheiten: der Stamm teilt sich in etwa 7 m Höhe in fünf Starkäste auf, von denen aber zwei abgestorben sind. Traubeneiche. Rinde am Stamm teilweise gelöst.
Naturdenkmal: ja
Standort: in der Abt. 132 des Staatswaldes Holzminden, etwa 7 km öst-

lich Holzminden, 50 m nördlich des Nagelbaches. Wegweiser am Waldweg

160 Eiche in Fohlenplacken

Baumart: Eiche
Alter: 300-350 Jahre
Höhe: 17 m
Umfang: 490 cm
Krone: 20 m
Kreis: Holzminden
Besonderheiten: Stieleiche. Der dicke Stamm löst sich in etwa 6 m Höhe in schwache Äste auf. Der Stamm ist hohl und offen.
Naturdenkmal: ja
Standort: am Ortsausgang Fohlenplacken in Richtung Holzminden, rechts neben der Straße. Gde. Neuhaus. Ortsteil Fohlenplacken

161 Eiche in Neuhaus/ Solling

Baumart: Eiche
Alter: 400-450 Jahre
Höhe: 28 m
Umfang: 590 cm
Krone: 26 m
Kreis: Holzminden
Besonderheiten: starker, breitkroniger Solitär. Bemerkenswerte, alte Eichenallee.
Naturdenkmal: ja
Standort: in der Ortsmitte von Neuhaus, in einer Grünanlage

162 Eiche in Wentorf

Baumart: Eiche
Alter: 250-300 Jahre
Höhe: 12 m
Umfang: 340 cm
Krone: 12 m
Kreis: Gifhorn
Besonderheiten: exponierte Ortslage.
Naturdenkmal: ja
Standort: am Kriegerdenkmal in Wentorf

163 Tausendjährige Linde vor dem Kloster Isenhagen bei Hankensbüttel

Baumart: Linde
Alter: 500-700 Jahre
Höhe: 15 m
Umfang: 750 cm
Krone: 22 m
Forstamt: Knesebeck
Kreis: Gifhorn
Besonderheiten: mächtiger Stamm, beulige Stamm- und Stammfußbereiche; markant ist ein reichhaltiger Kranz junger Triebe um die gesamte Krone. Ehem. Kloster mit Kunstschätzen. Winterlinde.
Naturdenkmal: ja
Standort: vor dem Kloster Isenhagen, vor der Nordwand der Klosterkirche.

164 Eiche in Hankensbüttel

Baumart: Eiche
Alter: 300-400 Jahre
Höhe: 26 m
Umfang: 475 cm
Krone: 2o m
Kreis: Gifhorn
Besonderheiten: einseitig ausgebildete Krone in einer Gruppe mit vier jüngeren Eichen. Weitere, etwa

gleichalte Eichen und eine Ulme in der Nähe.
Naturdenkmal: ja
Standort: am Waterloodenkmal in der Bahnhofstraße

165 "Tausendjährige" Eiche in Wahrenholz

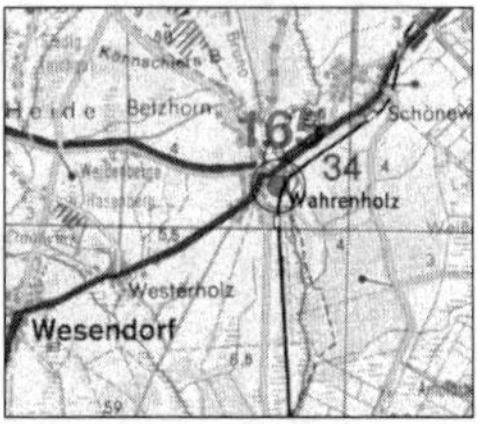

Baumart: Eiche
Alter: 800-900 Jahre
Höhe: 15 m
Umfang: 450 cm
Krone: 12 m
Kreis: Gifhorn
Besonderheiten: hohler, mit Eisenklammern zusammengehaltener Stamm mit Kronenrest.
Naturdenkmal: ja
Standort: Ortsmitte Wahrenholz, an der Hauptstraße

166 Ulme in Ehra

Baumart: Ulme
Alter: 400-500 Jahre
Höhe: 15 m
Umfang: 625 cm
Krone: 19 m
Kreis: Gifhorn
Besonderheiten: bizarrer, hohler Baumstumpf, etwa 5 m hoch, mit einer Krone aus etwa 90-jährigen Ausschlägen. Die hohe Vitalität des Baumes trotzte vor etwa 100 Jahren einem Versuch, den Baum mit Salzsäure abzutöten.
Naturdenkmal: ja
Standort: Gifhorner Straße 11 in Ehra, Richtung Lessien

167 Eiche in Ehra

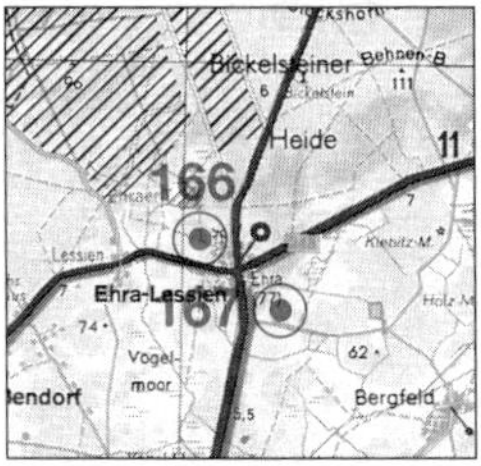

Baumart: Eiche
Alter: 300-400 Jahre
Höhe: 20 m
Umfang: 365 cm
Krone: 22 m
Kreis: Gifhorn
Besonderheiten: schön geformter Baum, ortsbildprägend.
Naturdenkmal: ja
Standort: vor dem Feuerwehrhaus, an der Hauptstraße

168 Linde in Jembke

Baumart: Linde
Alter: 250-350 Jahre
Höhe: 26 m
Umfang: 420 cm
Krone: 19 m
Kreis: Gifhorn
Besonderheiten: Stamm etwa 9 m, dann vier Hauptäste. Gegenüber, auf dem Kirchengelände, hohler Stumpf einer 900-1000-jährigen Linde mit dünnen Ausschlägen.
Naturdenkmal: ja
Standort: vor dem Pfarrgemeindeamt, gegenüber der Kirche

169 Eiche in Weyhausen

Baumart: Eiche
Alter: 450-550 Jahre
Höhe: 24 m
Umfang: 520 cm
Krone: 25 m
Kreis: Gifhorn
Besonderheiten: volle Krone mit starken Ästen.
Naturdenkmal: ja
Standort: Brückenstraße 10, am Niemann-Hof

170 Rieseneiche in Eischott

Baumart: Eiche
Alter: um 850 Jahre
Höhe: 22 m
Umfang: 660 cm
Krone: 35 m
Kreis: Gifhorn
Besonderheiten: Tiefzwiesel mit riesiger Krone. Stamm hohl. Ältere Kronensicherungen vorhanden.
Naturdenkmal: ja
Standort: Brechdorfer Straße in Rühen-Eischott

171 Eiche in Leiferde

Baumart: Eiche
Alter: 500 Jahre
Höhe: 18 m
Umfang: 510 cm
Krone: 18 m
Kreis: Gifhorn
Besonderheiten: kurzer Stamm (1,5 m), gesunde Krone. Schöner, das Ortsbild prägender Baum.
Naturdenkmal: ja
Standort: an der Hauptstraße im östlichen Ortsteil

172 2 Eichen in Waxbüttel

Baumart: Eiche
Alter: 400-500 Jahre
Höhe: 24 m,20 m
Umfang: 490 cm, 455 cm
Krone: 20 m,17 m
Kreis: Gifhorn
Besonderheiten: wulstige Stämme mit sanierten Astwunden. Blitzleiste an der Nordseite der östlichen Eiche.
Naturdenkmal: ja
Standort: auf dem Gut Waxbüttel, an der ersten Kurve der Landstraße westlich Adenbüttel

173 Eiche in Rethen

Baumart: Eiche
Alter: 450-550 Jahre
Höhe: 22 m
Umfang: 490 cm
Krone: 22 m
Kreis: Gifhorn
Besonderheiten: typische Hofeiche, ortsbildprägend, schön geformt
Naturdenkmal: ja
Standort: auf dem Grundstück Fallerslebener Straße 11

174 Eiche in Meine

Baumart: Eiche
Alter: 400-500 Jahre
Höhe: 26 m
Umfang: 495 cm
Krone: 27 m
Kreis: Gifhorn
Besonderheiten: imposanter Baum mit mächtiger Krone, gesund. Blitzleiste an der Ostseite.
Naturdenkmal: ja
Standort: Meine, Ohnhorster Str. 1

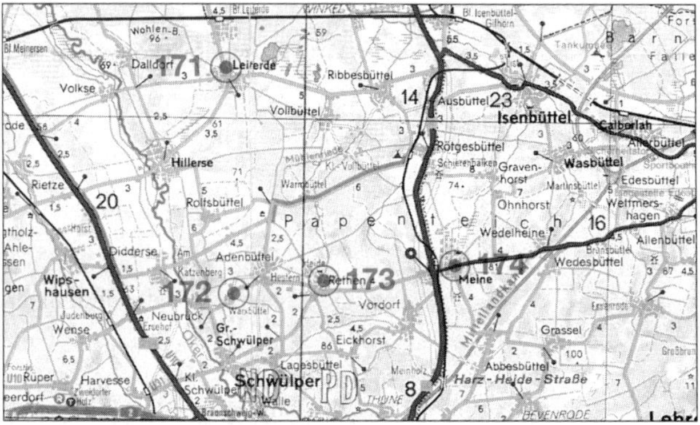

175 Eiche in Stederdorf

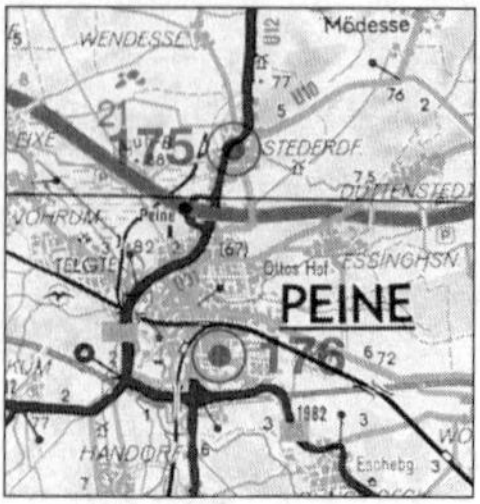

Baumart: Eiche
Alter: 300 Jahre
Höhe: 23 m
Umfang: 420 cm
Krone: 22 m
Kreis: Peine
Besonderheiten: volle, gesunde Krone. Die Mauer der Grundstücksumfriedung ist direkt an den Stamm herangezogen.
Naturdenkmal: ja
Standort: Martin-Luther-Straße in Stederdorf

176 Blutbuchen im Peiner Stadtpark

Baumart: Buche
Alter: 200-250 Jahre
Höhe: 22 m
Umfang: 380 cm
Krone: 24 m
Kreis: Peine
Besonderheiten: starke Wurzelanläufe, tiefbekront, schöne Kronenform. Zwei weitere, ähnliche Buchen im Park
Naturdenkmal: ja
Standort: im Stadtpark im Zentrum von Peine

177 Eiche in Sophiental

Baumart: Eiche
Alter: 300 Jahre
Höhe: 20 m
Umfang: 410 cm
Krone: 22 m
Kreis: Peine
Besonderheiten: efeuumrankter Stamm, breite Krone.
Naturdenkmal: ja
Standort: Ecke Hauptstraße Holzmark/Spannweg, auf dem Friedhof

178 Eiche in Woltorf

Baumart: Eiche
Alter: 400 Jahre
Höhe: 19 m
Umfang: 420 cm
Krone: 16 m
Kreis: Peine
Besonderheiten: starkastige, gesunde Krone.
Naturdenkmal: ja
Standort: Ortsmitte von Woltorf

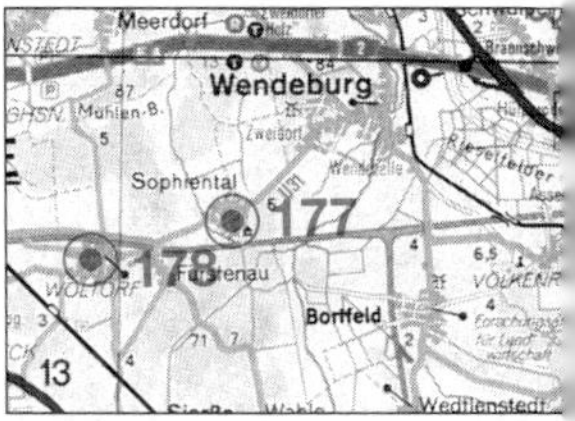

179 3 Eichen bei Equord

Baumart: Eiche
Alter: 350 Jahre
Höhe: 20 m, 16 m, 16 m
Umfang: 380, 400, 450 cm
Krone: 11 m, 12 m, 18 m
Kreis: Peine
Besonderheiten: besonders knorrige Exemplare, zum Teil bis zum Boden voller Wasserreiser
Naturdenkmal: ja
Standort: am Feldweg westlich des Ortes

180 Eiche an der Kirche in Harber

Baumart: Eiche
Alter: 400-500 Jahre
Höhe: 25 m
Umfang: 455 cm
Krone: 25 m
Kreis: Peine
Besonderheiten: 8 m Stammlänge, starke Verastung, volle, gesunde Krone.
Naturdenkmal: ja
Standort: Ortsmitte von Harber, an der Kirche

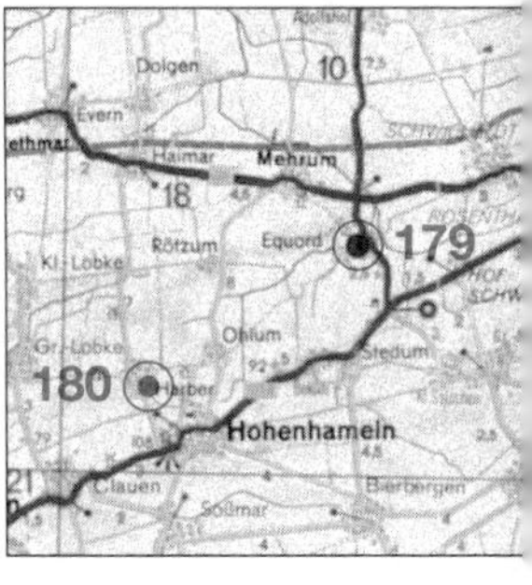

181 Gerichtskastanien in Wolfsburg

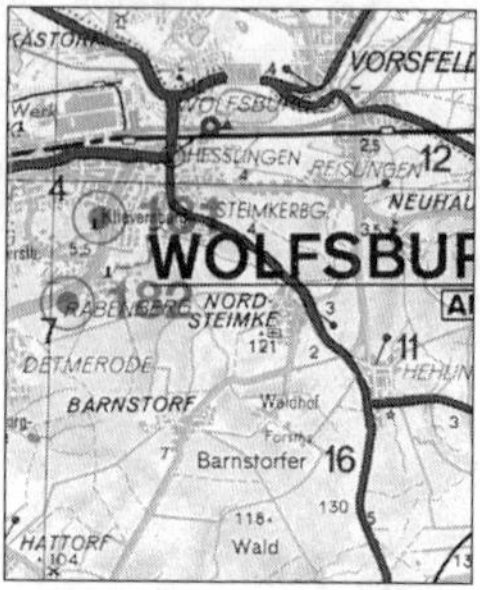

Baumart: Kastanie
Alter: 220 Jahre
Höhe: 23 m
Umfang: 325 cm
Krone: 20 m
Forstamt: Fallersleben
Kreis: Stadt Wolfsburg
Besonderheiten: Gruppe von vier Tanzbäumen, in 4 m Höhe geköpft, wurden die Äste zu seitlichem Wachstum gezwungen, so daß sie eine Etage bilden, auf die man Bretter als Tanzboden legen kann.
Naturdenkmal: ja
Standort: vor dem Portal des Schloßes Wolfsburg.

182 Eiche in Wolfsburg

Baumart: Eiche
Alter: 500-600 Jahre
Höhe: 16 m
Umfang: 535 cm
Krone: 14 m
Kreis: Stadt Wolfsburg
Besonderheiten: massiger Stamm mit relativ kleiner Krone.
Naturdenkmal: ja
Standort: am Ende der BAB-Einfahrt Wolfsburg-Süd, auf einer Wiese gegenüber VW

Stadt Braunschweig
Stadt Salzgitter

183 Eiche im Arboretum Riddagshausen

Baumart: Eiche
Alter: 300-350 Jahre
Höhe: 32 m
Umfang: 430 cm
Krone: 17 m
Kreis: Stadt Braunschweig
Besonderheiten: die Eiche gehörte zum Vorbestand des 1839 eingerichteten Arboretums der forstlichen Fakultät der TH Braunschweig. (Mittelwald Eichen/Hainbuchen). Stieleiche.
Naturdenkmal: nein
Standort: im Arboretum in Braunschweig-Riddagshausen

184 3 Eichen bei Nienrode

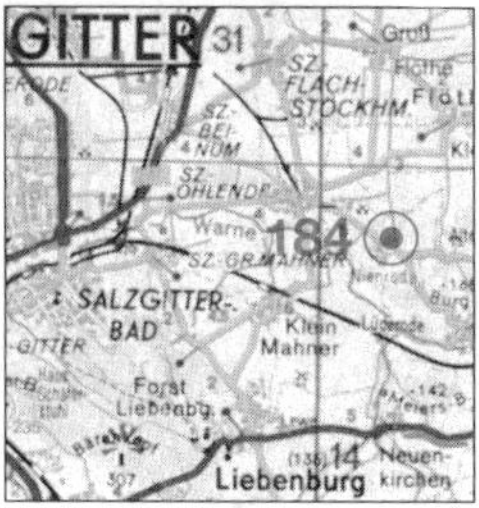

Baumart: Eiche
Alter: 350-450 Jahre
Höhe: 12 m, 14 m, 16 m
Umfang: 335, 450, 490 cm
Krone: 35 m x 18 m
Kreis: Stadt Salzgitter
Besonderheiten: kurze Stämme, tief angesetzte, starke Äste. Kronen teilweise ausgebrochen.
Naturdenkmal: ja
Standort: Salzgitter-Nienrode, an der Landstraße Gielde - Ohlendorf, am östlichen Eingang zum Gutshof

185 Alteiche am Palmenhaus im Destedter Park

Baumart: Eiche
Alter: 500 Jahre
Höhe: 30 m
Umfang: 660 cm
Krone: 30 m
Forstamt: Königslutter
Kreis: Wolfenbüttel
Besonderheiten: Eiche hat bereits vor der Errichtung des Parks (1750) gestanden. Wuchtiger Stamm. Stieleiche.
Naturdenkmal: nein
Standort: im Park Destedt östlich von Cremlingen. Siehe Parkführer

186 Pastorenlinde im Destedter Park

Baumart: Linde
Alter: 400-500 Jahre
Höhe: 28 m
Umfang: 790 cm
Krone: 25 m
Forstamt: Königslutter
Kreis: Wolfenbüttel

Besonderheiten: in 4 m Höhe in zwei starke Bäume aufgeteilt, offensichtlich geköpft. Sommerlinde.
Naturdenkmal: nein
Standort: im Destedter Park östlich von Cremlingen. Siehe Parkführer

187 Blutbuche vor der Oberburg im Destedter Park

Baumart: Buche
Alter: 240 Jahre
Höhe: 29 m
Umfang: 530 cm
Krone: 28 m
Forstamt: Königslutter
Kreis: Wolfenbüttel
Besonderheiten: starke Buche mit Stammfäule und kränkelnd - Blätter klein.
Naturdenkmal: nein
Standort: im Destedter Park, östlich von Cremlingen. Siehe Parkführer

188 Tumuluslinde auf vorgeschichtlichem Grabhügel in Evessen

Baumart: Linde
Alter: etwa 800 Jahre
Höhe: 12 m
Umfang: 645 cm
Krone: 16 m
Kreis: Wolfenbüttel
Besonderheiten: kurzer Stamm (2,5 m) mit starken Wurzelanläufen. Tiefbekront. Der „Tumulus" soll ein Fürstengrab aus der Zeit um 2000 v. Chr. sein. Gerichtsstätte bis 1808.
Naturdenkmal: ja
Standort: in der Ortsmitte von Evessen (an der Landstraße Braunschweig-Schöppenstedt)

189 Linde an der Kirche in Evessen

Baumart: Linde
Alter: 700-800 Jahre
Höhe: 18 m
Umfang: 605 cm
Krone: 18 m
Kreis: Wolfenbüttel
Besonderheiten: hohler Stamm, Kandelaberäste, noch vital. Etwa so alt wie die erste Kapelle, an die später die Kirche angebaut wurde.
Naturdenkmal: ja
Standort: Am südlichen Dorfende, an der Kirche

190 Linde in Kneitlingen

Baumart: Linde
Alter: 400-500 Jahre
Höhe: 17 m
Umfang: 560 cm
Krone: 18 m
Kreis: Wolfenbüttel
Besonderheiten: fünf Starkäste über etwa 5 m hohem Stamm. Tiefbekront.
Naturdenkmal: ja
Standort: Bockslager-Straße, Nordseite des Ortes

191 Hofeiche in Gustedt

Baumart: Eiche
Alter: 250-350 Jahre
Höhe: 23 m
Umfang: 375 cm
Krone: 18 m
Kreis: Wolfenbüttel
Besonderheiten: knorriger, gesunder Stamm mit Wasserreisern. Typische Hofeiche.
Naturdenkmal: nein
Standort: auf dem Wassmuss-Hof in Gustedt

192 2 Kirchlinden in Groß-Biewende

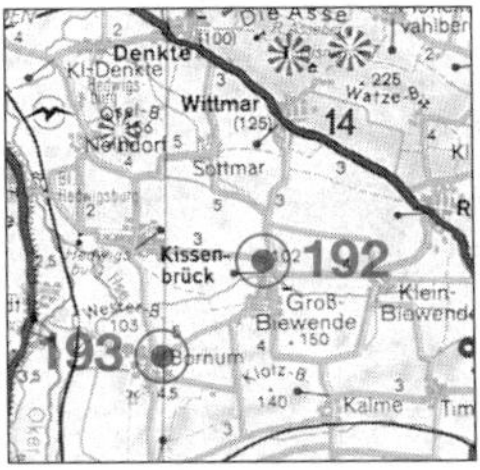

Baumart: Linde
Alter: 300-400 Jahre
Höhe: 14 m,12 m
Umfang: 410 cm,310 cm
Krone: 12 m,13 m
Kreis: Wolfenbüttel
Besonderheiten: kurzstämmig, knorrig. Die Krone der stärkeren Linde ist gestutzt.
Naturdenkmal: ja
Standort: an der Kirche in Groß-Biewende

193 Dorflinde in Bornum

Baumart: Linde
Alter: 150-200 Jahre
Höhe: 13 m
Umfang: 270 cm
Krone: 18 m
Kreis: Wolfenbüttel
Besonderheiten: typisches Beispiel einer Dorflinde. Mittelpunkt des Ortes, vor der Kirche. Besonders schöne Baumform. Runde Krone, deren Äste bis auf den Boden herabreichen.
Naturdenkmal: ja
Standort: Ortsmitte von Bornum, vor der Kirche

194 Prügeleiche in Velpke

Baumart: Eiche
Alter: 300 Jahre
Höhe: 18 m
Umfang: 470 cm
Krone: 12 m
Kreis: Helmstedt
Besonderheiten: an Wochenenden Prügelstrafe für Straffällige an der Eiche (historisch).
Naturdenkmal: ja
Standort: im Nordwestteil des Ortes Velpke

195 Kampstüh-Eichen bei Lehre

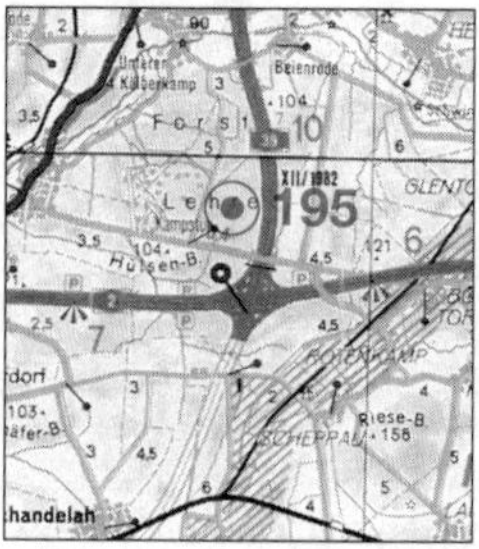

Baumart: Eiche
Alter: 500-600 Jahre
Höhe: 25 m
Umfang: 500 cm
Krone: 15 m
Forstamt: Braunschweig
Kreis: Helmstedt
Besonderheiten: Huteeichen mit einem Nebenbestand von etwa 3oo jährigen Eichen. Stieleichen.
Naturdenkmal: nein
Standort: von der Verbindung Lehre/Boimstorf hinter Kampstüh links nach Flechtorf abbiegen, nach ca. 1 km linker Hand beginnt die Abt. 56

196 Eiche in Uhry

Baumart: Eiche
Alter: 250-300 Jahre
Höhe: 20 m
Umfang: 560 cm
Krone: 20 m
Kreis: Helmstedt
Besonderheiten: vitaler, gesunder Baum, Stieleiche.
Naturdenkmal: ja
Standort: in Königslutter - Uhry, ca.

2o m von der Hauptstraße entfernt, an der Ecke eines strohgedeckten Fachwerkhauses

197 Bugenhagen-Linde in Lauingen

Baumart: Linde
Alter: 400 Jahre
Höhe: 20 m
Umfang: 640 cm
Krone: 20
Kreis: Helmstedt
Besonderheiten: benannt nach Johann Bugenhagen (Reformator, 1485 - 1558) - Anteil an der Luther'schen Bibelübersetzung. Leittrieb vor Jahren ausgebrochen.
Naturdenkmal: ja
Standort: in Königslutter, im Südteil des Ortsteiles Lauingen

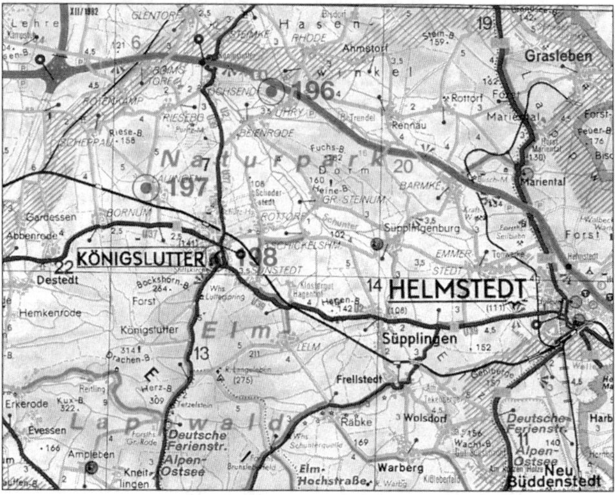

198 Kaiser-Lothar-Linde in Königslutter

Baumart: Linde
Alter: 850 Jahre
Höhe: 27 m
Umfang: 1100-1200 cm
Krone: 31 m
Forstamt: Königslutter
Kreis: Helmstedt

Besonderheiten: ausladende, tiefe Krone, vorgewölbte Äste wirken wie der Bug eines Schiffes, das sich der stürmischen See entgegenstellt. Ein gewaltiger, eindrucksvoller Baum, der Ehrfurcht gebietet. Die Linde soll von Kaiser Lothar um 1100 gepflanzt worden sein.

Naturdenkmal: ja

Standort: an der Stiftskirche in Königslutter

199 Hainbuchen "Adam und Eva" bei Bad Helmstedt

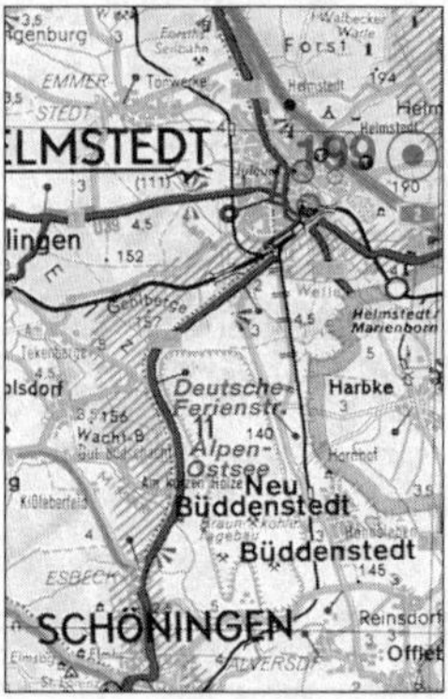

Baumart: Hainbuche
Alter: 500 Jahre
Höhe: 11 m/17 m
Umfang: 300 cm/390 cm
Krone: 5 m/20 m
Forstamt: Lappwald
Kreis: Helmstedt

Besonderheiten: die Bäume sollen um 1500 gepflanzt worden sein. Sie stehen etwa 17 m auseinander. Ein Exemplar ist weitgehend zerfallen.

Naturdenkmal: ja

Standort: am sogenannten Paradiesweg (Rfö. Mesekenheide)

200 Ginkgo am Kloster Frankenberg

Baumart: Ginkgo
Alter: ca. 200 Jahre
Höhe: 18 m
Umfang: 265 cm
Krone: 14 m
Kreis: Goslar
Besonderheiten: tiefbeastet, schöngeformte Krone.
Naturdenkmal: ja
Standort: im Park des Altersheimes Kloster Frankenberg

201 Linde an der St.Stephani-Kirche in Goslar

Baumart: Linde
Alter: 400-500 Jahre
Höhe: 18 m
Umfang: 440 cm
Krone: 16 m
Kreis: Goslar
Besonderheiten: kurzer Stamm, flache, breite Krone.
Naturdenkmal: ja
Standort: Goslar, Breite Straße, vor der St. Stephani-Kirche

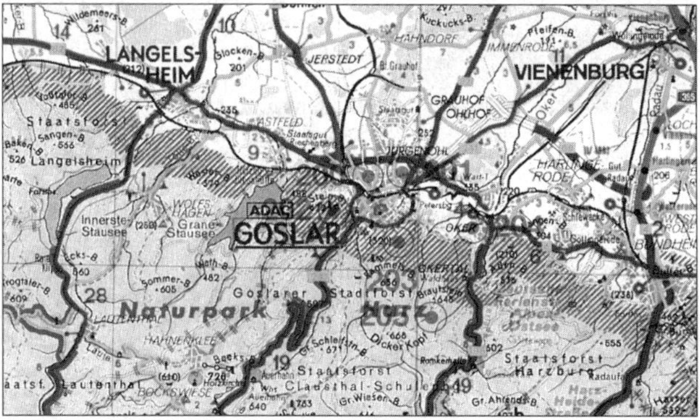

202 Linde am Frankenberg in Goslar

Baumart: Linde
Alter: 300-350 Jahre
Höhe: 26 m
Umfang: 390 cm
Krone: 18 m
Kreis: Goslar
Besonderheiten: steil aufragende Äste.
Naturdenkmal: ja
Standort: vor der Kirche Peter und Paul am Frankenberg in Goslar

203 Stollenlinde in Goslar

Baumart: Linde
Alter: 408 Jahre
Höhe: 26 m
Umfang: 860 cm
Krone: 18 m
Forstamt: Liebenburg
Kreis: Goslar
Besonderheiten: ein gewaltiger, symmetrischer, kugelrunder Baum mit Elefantenfüßen fest in der Erde verankert, walzenförmig bis 6-8 m aufsteigend, dann in viele alte und junge Sprosse aufgelöst. Sommerlinde. Gepflanzt am 25. 09. 1585 zur Eröffnung des Stollens.
Naturdenkmal: ja
Standort: an der Straße „Am Stollen“, auf einem Hügel im Wohngebiet am Ausgang des alten Stollens.

204 Linde im Stadtpark in Oker

Baumart: Linde
Alter: 250-300 Jahre
Höhe: 16 m
Umfang: 350 cm
Krone: 11 m
Kreis: Goslar

Besonderheiten: gefällige Baumform.
Naturdenkmal: ja
Standort: Goslar-Oker, Stadtpark an der Luergasse

205 Bergahorn im Düsteren Tal im Nordharz

Baumart:	Ahorn
Alter:	400 Jahre
Höhe:	20 m
Umfang:	600 cm
Krone:	18 m
Kreis:	Goslar

Besonderheiten: wahrscheinlich ehemaliger Grenzbaum, angeblich stärkster Bergahorn Niedersachsens.
Naturdenkmal: nein
Standort: Weg führt im Okertal südlich des Waldhauses von der dritten Fabrik nach Südwesten ab.

206 Alter Ahorn in Clausthal-Zellerfeld

Baumart:	Ahorn
Alter:	400 Jahre
Höhe:	27 m
Umfang:	405 cm
Krone:	17 m
Kreis:	Goslar

Besonderheiten: gut geformter Baum. 9 m Stammlänge, volle Krone
Naturdenkmal: ja
Standort: im Garten des Hauses Andreasberger Straße 15

207 Die Urfichten am Oderteich

Baumart:	Fichte
Alter:	bis 400 Jahre
Höhe:	32 m
Umfang:	260 cm
Krone:	8 m
Forstamt:	Oderhaus
Kreis:	Goslar

Besonderheiten: autochthone Altfichten mit außergewöhnlichen Dimensionen und Zuwächsen an der ältesten Talsperre Europas (im 17.Jhdt. angelegt).
Naturdenkmal: NSG Oberharz
Standort: an der Odertalsperre im Harz zwischen Clausthal und Braunlage. Begrenzt im Osten durch B 4, im Süden durch B 242, im Westen durch den Oderteich

208 Ahorn an der Skiwiese in Braunlage

Baumart: Ahorn
Alter: 250 - 300 Jahre
Höhe: 21 m
Umfang: 310 cm
Krone: 19 m
Forstamt: Braunlage
Kreis: Goslar
Besonderheiten: stark verzweigte, volle Krone.
Naturdenkmal: nein
Standort: an der Skiwiese in Braunlage, Herzog-Johann-Albrecht-Straße

209 Grenzbuche am Kaiserweg bei Braunlage

Baumart: Buche
Alter: 250-300 Jahre
Höhe: 30 m
Umfang: 370 cm
Krone: 15 m
Forstamt: Braunlage
Kreis: Goslar
Besonderheiten: So, als seien fünf bis sieben Bäume zusammengewachsen, behielten aber doch ihre eigene Persönlichkeit, gesund, kräftig inmitten der Fichtenwälder. Alte Grenzbuche in 600 m Höhe.

Naturdenkmal: nein
Standort: B 27 Braunlage nach Bad Lauterberg-Abzweigung Parkplatz-Lausebuche Kaiserweg nach Norden 500 m

210 Dicke Tannen von Hohe Geiss

Baumart: Fichte
Alter: 300-320 Jahre
Höhe: 51 m
Umfang: 510 cm
Krone: 10 -12 m
Forstamt: Braunlage
Kreis: Goslar
Besonderheiten: 53 autochthone Altfichten. Beschrieben ist der Baum Nr. 28. Interessante, dem Winter angepasste Kronenform.
Naturdenkmal: NSG
Standort: unterhalb Hotel „Hohe Geiss“, von dort aus gut ausgeschildert.

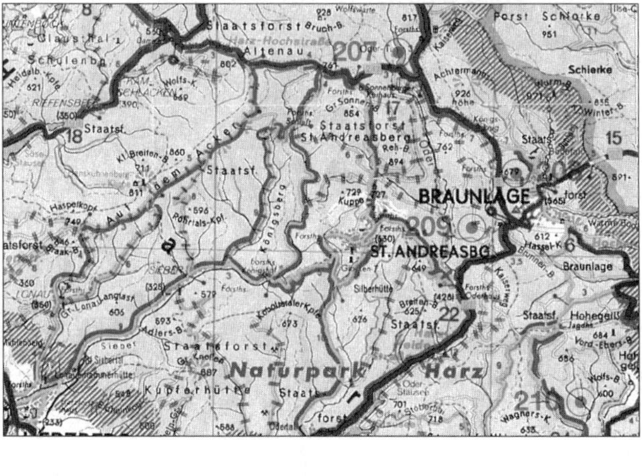

211 Rebbel - Eiche bei der Domäne Clus

Baumart: Eiche
Alter: 500 Jahre
Höhe: 19 m
Umfang: 630 cm
Krone: 15 m
Kreis: Northeim

Besonderheiten: hohler Stammfuß mit Beulen. Viele, stärkere Klebäste und Wasserreiser. Schrägstehend, Krone einseitig. Steht nur auf seiner Rinde.

Naturdenkmal: ja

Standort: am Rand von Bad Gandersheim, an der Straße Altgandersheim/Lamspringe (nach Norden) - Abfahrt nach Westen zur Domäne Clus. Nach ca. 1 km, vor der Domäne, nördlich der Straße, im Feld/Wiese steht die Eiche

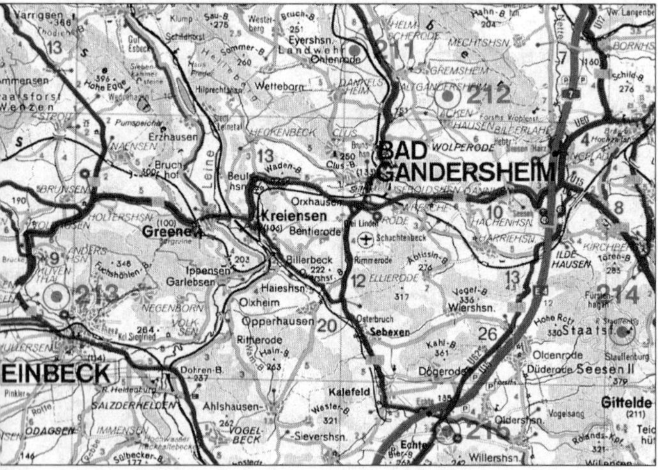

212 Kopf-Buche bei Gremsheim

Baumart: Buche
Alter: 400 Jahre
Höhe: 13 m
Umfang: 550 cm
Krone: 23 m
Kreis: Northeim

Besonderheiten: Süntelbuche mit horizontal verlaufenden Achsen, Zweigknicken, fast doppelt so breit wie hoch. Der Stamm ist hohl, die Zweige hängen bis auf den Boden.
Naturdenkmal: ja
Standort: von Bad Gandersheim über Altgandersheim nach Gremsheim. Vom Südost-Teil des Dorfes auf Feldwegen nach Ostsüdost. In Waldnähe, mitten im Feld, steht die Buche auf einer kleinen Wiese

213 Linde am Ohlehof in Einbeck

Baumart: Linde
Alter: 500-600 Jahre
Höhe: 25 m
Umfang: 705 cm
Krone: 16 m
Kreis: Northeim

Besonderheiten: starker Stamm mit vielen Wülsten und Knollen. In etwa 4 m Stammhöhe sieben Starkäste.
Naturdenkmal: ja
Standort: am NW-Rand von Einbeck, westlich der Sportanlagen. Zum Habichtstal feste Straße nach Westen, zur Rießwarte

214 Evalinde auf der Stauffenburg bei Seesen am Harz

Baumart: Linde
Alter: 600-700 Jahre
Höhe: 30 m
Umfang: 720 cm mit Beulen
Krone: 20 m

Forstamt: Stauffenburg
Kreis: Northeim
Besonderheiten: ein knorrig verwachsener Recke, trotzt wie ein treuer Wächter vor den Resten der Burg des 12. Jahrhunderts. Von Wind, Sturm, Schnee und Hitze geprägt
Naturdenkmal: ja
Standort: Burgruine Stauffenberg auf dem Vorwall im Westen

215 Kirchenlinde in Echte

Baumart: Linde
Alter: um 500 Jahre
Höhe: 19 m
Umfang: 640 cm
Krone: 12 m
Kreis: Northeim
Besonderheiten: von dem ursprünglichen Stamm (3,5 m) ist nur noch die hintere, dem Kirchturm zugewandte Hälfte, die auf kurzen Stelzen steht, erhalten. Aus dem Stumpf wachsen drei jüngere Äste, die regelmäßig gestutzt werden.
Naturdenkmal: ja
Standort: im Ostteil des Ortes, neben dem Kirchturm

216 Linde an der Kirche in Fredelsloh

Baumart: Linde
Alter: 300-400 Jahre
Höhe: 22 m
Umfang: 580 cm
Krone: 16 m
Kreis: Northeim
Besonderheiten: auffallend beuliger Erdstamm mit durchgehendem Schaft, tiefrissige Borke. Zahlreiche junge Äste umgeben den Baum. Frühere Friedhofslinde . Sommer-

linde. Romanische Klosterkirche aus 1132 ff. Das Kloster wurde nach Säkularisierung aufgegeben.
Naturdenkmal: nein
Standort: hinter der Kirche

217 Eiben im Gutspark Wickershausen

Baumart: Eibe
Alter: über 500 Jahre
Höhe: 18 m
Umfang: 265-310 cm
Krone: 15 m
Kreis: Northeim
Besonderheiten: drei Eiben in einer Zeile mit 5 m Abstand. Einseitig eingeklemmte Kronen am Nordrand des Parks.
Naturdenkmal: ja
Standort: von der Autobahnausfahrt Moringen/Northeim-West auf der Kreisstraße nach Norden, in Richtung Einbeck bis kurz vor Hollenstedt. Nach 2 km Abzweigung zum Gut Wickershausen.

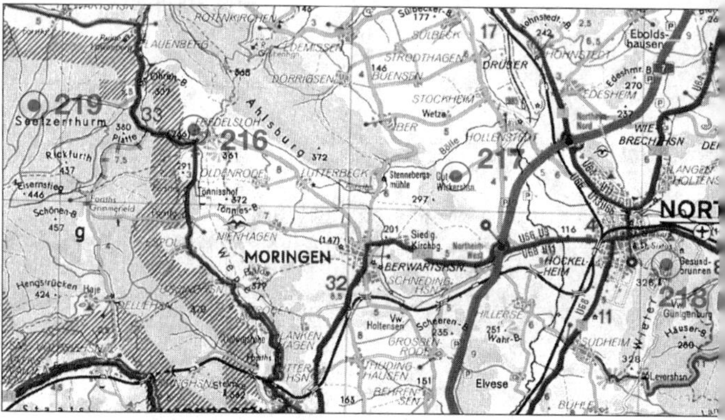

218 Bürgermeister-Peters-Linde in Northeim

Baumart: Linde
Alter: 200-250 Jahre
Höhe: 29 m
Umfang: 450 cm
Krone: 20 m
Forstamt: Stadtforstamt Northeim
Kreis: Northeim

Besonderheiten: am Aussichtspunkt über gepflegten Wiesen. Sommerlinde. 5 m Stammhöhe, dann vier Starkäste. Harmonische Baumform. Im Bestand, in der Nähe, steht die Goetheeiche.
Naturdenkmal: ja
Standort: auf der B 241 nach Osten, nach 2 km, außerhalb des Bebauungsgebietes Waldstraße nach Süden bergauf, im großen Bogen nach rechts um den Gesundbrunnen, über die Ahornallee zur Linde

219 Kaisereiche im Solling

Baumart: Eiche
Alter: 600-800 Jahre
Höhe: 29 m
Umfang: 720 cm
Krone: 24 m
Forstamt: Seelzerthurm
Kreis: Northeim

Besonderheiten: in 10 m Höhe zwieselt sie in zwei gleichstarke Achsen auf, der Stamm trägt viele Köpfe, Kugeln und Gesichter, insbesondere einen Wulst in 4 m Höhe, darüber waagrechte, ungewöhnlich starke Äste. Stieleiche.
Naturdenkmal: ja
Standort: im NSG „Alte Eiche“ in der Abt. 163.

220 Wilddiebseiche im Forstamt Winnefeld

Baumart: Eiche
Alter: 600 Jahre
Höhe: 33 m
Umfang: 650 cm
Krone: 25 m
Forstamt: Winnefeld
Kreis: Northeim
Besonderheiten: starker, trotziger Baum. Stieleiche.
Naturdenkmal: ja
Standort: Abt. 138 westlich Amelith, in Wanderkarte eingezeichnet

221 Missionseiche bei Brüggefeld

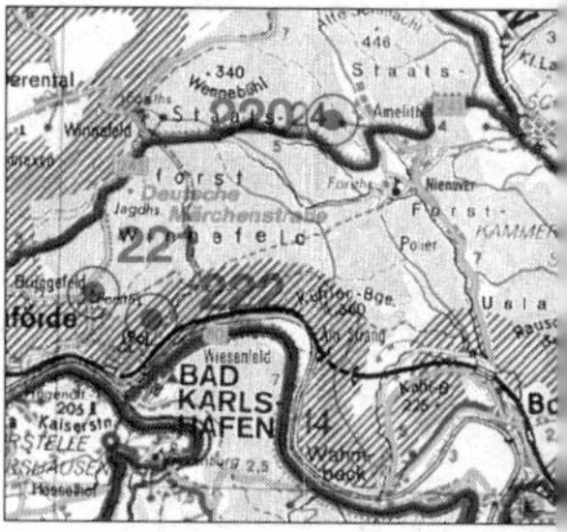

Baumart: Eiche
Alter: 600-800 Jahre
Höhe: 34 m
Umfang: 790 cm
Krone: 22 m
Forstamt: Winnefeld
Kreis: Northeim
Besonderheiten: hier gab es früher Missionsandachten. Relativ glatter Stamm. Ein Starkast im Westen ist 1992 herausgebrochen. Stieleiche.
Naturdenkmal: ja
Standort: östlich der Revierförsterei Brüggefeld, am Ostrand einer kleinen Wiese, am Zuweg des Förstereigehöftes (Nordrand). Von der Straße von Brüggefeld zur B 241 ca. 150 m. Nördlich von Bad Karlshafen

222 Altbäume bei Brüggefeld

Baumart: Eiche
Alter: 400-600 Jahre
Höhe: bis 29 m
Umfang: bis 550 cm
Krone: 15 m
Forstamt: Winnefeld
Kreis: Northeim

Besonderheiten: Traubeneichen/Buchen-Altbestand von 2,5 ha Größe. Geht mit fließenden Grenzen in einen 222-jährigen Stieleichen/Buchen-Bestand über.
Naturdenkmal: ja, flächenhaftes ND
Standort: von der B 241 auf einer öffentlichen Waldstraße etwa 6 km nach Osten, von Beverungen nach Bad Karlshafen-West. Etwa auf halbem Wege: Brüggefeld. Revierförsterei und Gasthaus „Sollinger Forellenhof", an der Straßengabel. Bestand gegenüber dem Gasthaus

223 Dunie-Eiche bei Uslar

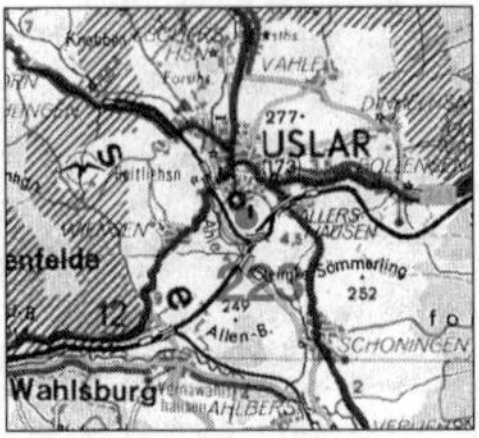

Baumart: Eiche
Alter: 800-1000 Jahre
Höhe: 26 m
Umfang: 780 cm
Krone: 28 m
Kreis: Northeim
Besonderheiten: alter, mächtiger Baum mit knorrigem Stamm, der sich in 7 m Höhe in eine breite Krone auflöst. Davor Stein mit Aufschrift: „Hier war im 8. Jahrhundert die Dunieburg". Traubeneiche.
Naturdenkmal: ja
Standort: steht am Rande einer geebneten Fläche, auf der die Dunieburg stand, südlich Uslar.

224 Gerichtslinde auf Steinbreite bei Hardegsen

Baumart: Linde
Alter: 800 Jahre
Höhe: 22 m
Umfang: 665 cm
Krone: 13 m
Kreis: Northeim
Besonderheiten: Stamm hohl. In

3 bis 4 m Höhe sieben Starkäste, die alle gekappt wurden. Untere Krone durch Stahlbänder zusammengehalten.
Naturdenkmal: ja
Standort: "Steinbreite" ist ein Bergrücken im Westteil von Hardegsen. Die Linde steht dort auf der Südterrasse im Winkel der dortigen Wiese

225 Steinbreiten-Ulme bei Hardegsen

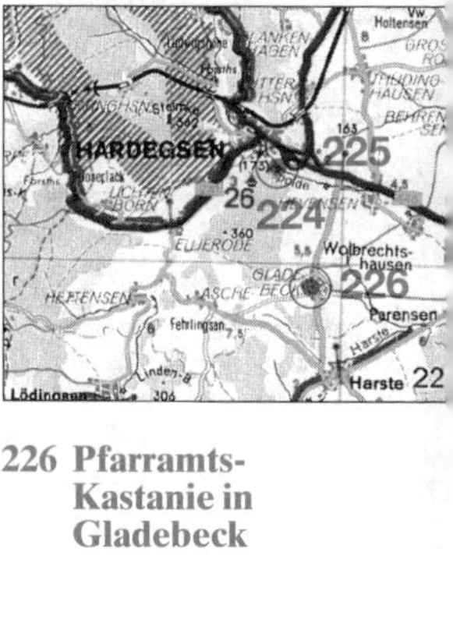

Baumart: Ulme
Alter: 200-300 Jahre
Höhe: 25 m
Umfang: 475 cm
Krone: 20 m
Kreis: Northeim
Besonderheiten: Stamm mit großer Maserknolle. Vier starke Hauptäste in etwa 3 m Höhe, teilweise gekappt.
Naturdenkmal: ja
Standort: Steinbreite im Westteil von Hardegsen. Die Ulme steht auf der Südterrasse des Bergrückens auf einer Wiese

226 Pfarramts-Kastanie in Gladebeck

Baumart: Kastanie
Alter: 350 Jahre
Höhe: 23 m
Umfang: 505 cm
Krone: 28 m
Kreis: Northeim
Besonderheiten: gedrehter, kurzer Stamm, zahlreiche, starke, weit ausladende Äste. Roßkastanie mit weitreichenden Wurzeln und mächtiger Krone.
Naturdenkmal: ja
Standort: Pfarramt in der Ortsmitte von Gladebeck

227 "Schönste Fichte" im Kiefholz bei Gittelde

Baumart: Fichte
Alter: 167 Jahre
Höhe: 50 m
Umfang: 275 cm
Krone: 5 m
Forstamt: Stauffenburg, 69 a 1
Kreis: Osterode am Harz
Besonderheiten: etwa 13 Festmeter Saatbaum. Besonders schöne Form.
Naturdenkmal: nein
Standort: vom nordwestlichen Ortsrand von Gittelde auf Feldmarksweg („Zwetschgenweg") bis zur Harzklubköte. Wasserbehälter am Waldrand (Parkplatz).Von dort etwa 100 m nach Westen, am Unterhang in altem Fichten-Buchen Mischbestand

228 Linde in Gittelde

Baumart: Linde
Alter: 400 Jahre
Höhe: 25 m
Umfang: 550 cm
Krone: 25 m
Forstamt: Bad Grund
Kreis: Osterode am Harz
Besonderheiten: Stamm hohl, mit vielen Knollen und Wülsten. Alter Blitzschaden. Sommerlinde auf erhöhtem Standort. Gutes Ensemble mit Kirche.
Naturdenkmal: ja
Standort: vor der St. Johanniskirche

229 Linde auf Burg Windhausen bei Bad Grund

Baumart: Linde
Alter: 600 Jahre
Höhe: 23 m
Umfang: 610 cm
Krone: 15 m
Forstamt: Bad Grund

Kreis: Osterode am Harz
Besonderheiten: der hohle Stamm trägt noch zwei Aufwüchse, die stark beschnitten sind, von ihnen sprossen viele schlanke Äste gen Himmel. Sommerlinde.
Naturdenkmal: ja
Standort: Windhausen, im Burgpark-Gelände der ehemaligen Burg. Ruinenreste vorhanden, über dem Dorf.

230 Kleehofeiche in Schwiegershausen

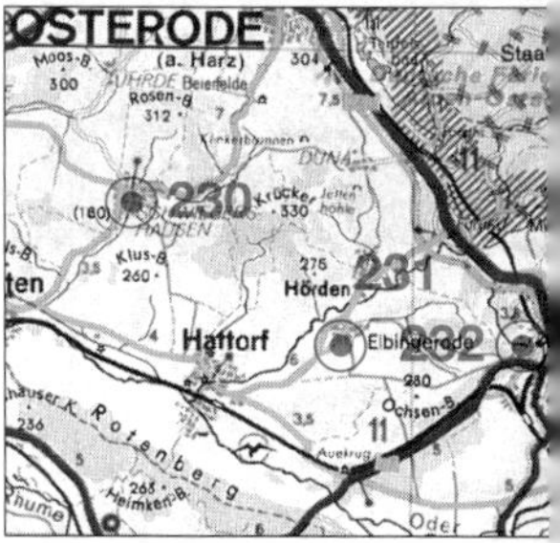

Baumart: Eiche
Alter: 300-350 Jahre
Höhe: 30 m
Umfang: 480 cm
Krone: 27 m
Forstamt: Katlenburg
Kreis: Osterode am Harz
Besonderheiten: auf erhöhtem Standort an der Dorfstraße besonders auffällig. Volle Krone.
Naturdenkmal: ja
Standort: an der Osteroder Straße in Schwiegershausen, in Höhe der Gaststätte Ohnesorge, am Ende des Fußweges zur Brinkstraße

231 Dorflinde in Elbingerode

Baumart: Linde
Alter: 600 Jahre
Höhe: 18 m
Umfang: 645 cm
Krone: 10 m
Forstamt: Katlenburg
Kreis: Osterode am Harz
Besonderheiten: Sommerlinde. Auf erhöhtem Standplatz. Stamm mit Beulen und Maserknollen. Krone 1991 gekappt. Interessantes Wurzelwerk.

Naturdenkmal: ja
Standort: auf dem Hof, Hattorfer Str.11 in Elbingerode, direkt an der Durchgangsstraße

232 Conradslinde am Welfenschloß in Herzberg

Baumart: Linde
Alter: 400 Jahre
Höhe: 27 m/29 m
Umfang: 520 cm /395 cm
Krone: 20 m/18 m
Forstamt: Katlenburg
Kreis: Osterode am Harz
Besonderheiten: ursprünglich sieben Linden, derzeit noch zwei. Vermutlich nach Erzbischof Conrad von Mainz benannt. In der Nähe ältere Linden, die aber nur noch als lebende Baumruinen erhalten sind.
Naturdenkmal: ja
Standort: an der Auffahrt zum Welfenschloß, das weit sichtbar auf einem Berg über der Stadt liegt. Fußweg parallel zum Burggraben auf der Südwestseite.

233 Heikenbergbuche bei Bad Lauterberg

Baumart: Buche
Alter: 250 Jahre
Höhe: 24 m
Umfang: 400 cm
Krone: 20 m
Kreis: Osterode am Harz
Besonderheiten: Blickfang im Gelände und besonderer Aussichtspunkt. Vielastige Krone über etwa 4 m Stamm.
Naturdenkmal: ja
Standort: nordwestlich von Bad Lauterberg auf einer Bergnase. Heikenbergstraße, steil bergauf.

234 Schullinde in Bad Lauterberg

Baumart: Linde
Alter: 300-400 Jahre
Höhe: 22 m
Umfang: 440 cm
Krone: 19 m
Kreis: Osterode am Harz
Besonderheiten: kurzer, hohler, sanierter Stamm mit vier Hauptästen.
Naturdenkmal: ja
Standort: an der Schulstraße, vor der alten Schule, auf einem Parkplatz

235 Gerichtslinde in Pöhlde

Baumart: Linde
Alter: 1000 Jahre
Höhe: 17 m
Umfang: 885 cm
Krone: 20 m
Forstamt: Kaltenburg
Kreis: Osterode am Harz
Besonderheiten: sie ist völlig hohl, steht nur auf Rinde mit einigen Luft-

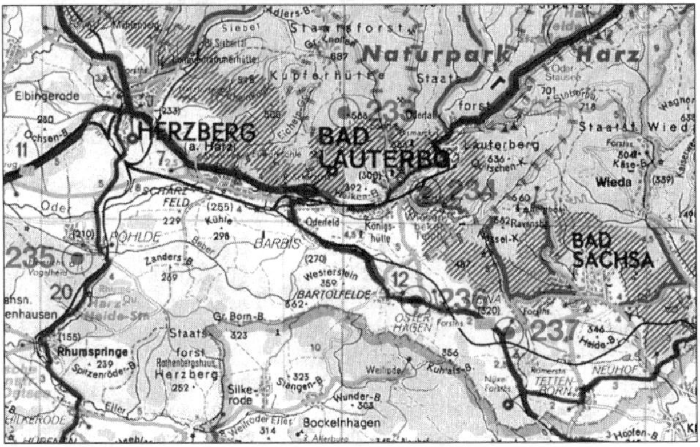

wurzeln oder Stelzen, vielen Beulen, Rücken, Köpfen und Geschwüren. Sommerlinde.
Naturdenkmal: ja
Standort: Ortslage, Anger an der Lindenstraße

236 Dorflinde in Osterhagen

Baumart: Linde
Alter: 600-700 Jahre
Höhe: 20 m
Umfang: 760 cm
Krone: 22 m
Kreis: Osterode am Harz
Besonderheiten: kurzer, hohler Stamm, drei Hauptäste ab Bodennähe. Luftwurzeln aus dem Hohlraum.
Naturdenkmal: ja
Standort: Dorfmitte von Osterhagen, neben dem Kriegerdenkmal

237 Branntweinseiche bei Steina

Baumart: Eiche
Alter: 300-400 Jahre
Höhe: 16 m
Umfang: 375 cm
Krone: 18 m
Forstamt: Lauterberg
Kreis: Osterode am Harz
Besonderheiten: ein vollbekronter Kugelbaum direkt an einer Bundesstraße, ein früherer Handelsweg. In 5 m Höhe geköpft, strebten die Äste nach außen und sind stark wie Bäume. Stieleiche.
Naturdenkmal: ja
Standort: an der B 243 zwischen Osterhage und Mackenrode, im Feld, an der Kante eines Plateaus

238 Sachseneiche bei Walkenried

Baumart: Eiche
Alter: 850 Jahre
Höhe: 28 m
Umfang: 560 cm
Krone: 25 m
Forstamt: Walkenried
Kreis: Osterode am Harz
Besonderheiten: mächtiger Stamm mit starken Ästen, voller Beulen, Figuren und Geschwüren. Weitere Alteichen und Buchen im Naturschutzgebiet.
Naturdenkmal: ja
Standort: an gut beschilderten Wanderweg am Bruns-Teich mit sehr ansprechenden Wald und Seen, zwischen den NSG's Priorteich und Sachsenstein

239 Ahorn in Wiedigshof

Baumart: Ahorn
Alter: 250 Jahre
Höhe: 26 m
Umfang: 420 cm
Krone: 30 m
Forstamt: Walkenried
Kreis: Osterode am Harz
Besonderheiten: in 3 m Höhe in drei Hauptstämme aufgeteilt - besonders volle Kugelkrone. Der Baum ist breiter als hoch.
Naturdenkmal: ja
Standort: Walkenried im nördlichen Teil des Ortsteiles Wiedigshof

240 Gerichts- und Tanzlinde in Harste

Baumart: Linde
Alter: über 1000 Jahre
Höhe: 9 m
Umfang: über 900 cm
Krone: 4 m
Kreis: Göttingen

Besonderheiten: 1992: 3 m hoher Stockausschlag und Wurzelbrut. Im 14. Jahrhundert als alter Baum erwähnt. Tanzlinde mit Plattform bis zum 1.Weltkrieg.

Naturdenkmal: nein

Standort: Harste an der Kreisstraße Göttingen - Holtensen (im SO) nach Hardegsen (im NW). Park der ehemaligen Staatsdomäne im Nordteil des Dorfes. Die Linde steht im NW-Teil des Parks. Privatbesitz. Weitere Bäume im Park

241 Randwegeiche am Reyershäuser Gemeindewald

Baumart: Eiche
Alter: 400-500 Jahre
Höhe: 32 m
Umfang: 565 cm
Krone: 12 m
Kreis: Göttingen

Besonderheiten: Randbaum im Buchenbestand. Zwiesel in 5 m Höhe. Dicke Maserknollen. Starke Wasserreiserbildung. „Randweg" = ehemalige Trift vom Kloster Maria-Stein zur Domäne Deppoldshausen.

Naturdenkmal: nein

Standort: auf der B 3 von Göttingen nach Norden, bei Rauschenwasser auf der Kreisstraße nach Osten, nördlich der Auffahrt zur Plesse-Burg auf ca. 5oo m eine Waldnase, an deren Westrand die Eiche steht.

242 Linden an der Dodenhäuser Kapelle

Baumart: Linde
Alter: 300-400 Jahre
Höhe: 20 m, 33 m
Umfang: 320 cm, 460 cm
Krone: 15 m
Kreis: Göttingen

Besonderheiten: früher sieben, jetzt nur noch vier Linden. Ehemaliges Dorf Totenhausen im Klusfeld verschwand im 30-jährigen Krieg. Winterlinden mit glatten Schäften und steilen Ästen, voll belaubt und vital. Bildstock 1627.

Naturdenkmal: ja

Standort: 3 km westlich von Gieboldehausen kleiner Hügel mit kleiner Kapelle und steinernem, barocken Bildstock. Im Halbkreis nach Osten: die vier Linden. Ringsum schmaler Laubholzring

243 Steinbuche auf dem Junkernberg bei Emmenhausen

Baumart: Buche
Alter: 150 Jahre
Höhe: 20 m
Umfang: 185 cm
Krone: 8 m
Forstamt: Bovensen
Kreis: Göttingen
Besonderheiten: seltene Mutante, Borkenbild wie bei Altkiefer, Platten bis in die oberen Äste, grün-grau gefärbt
Naturdenkmal: nein
Standort: Junkernberg, nördlich von Emmenhausen (westlich von Göttingen), an der Kleinbahn Göttingen-Adelebsen, ca. 800 m nördlich vom Whs Emmenhausen, am westlich Plateaurand des Bergrückens, ca. 100 m vom oberen Rand der Speierling-Versuchsfläche nach Norden

244 Friedhofslinden in Emmenhausen

Baumart: Linde
Alter: 600-800 Jahre
Höhe: 19 m
Umfang: 650 cm
Krone: 20 m
Kreis: Göttingen
Besonderheiten: die erste Linde lebt noch, ihr Stamm ist hohl, ein Drittel fehlt. Wülste, Beulen und tiefe Rillen am Stamm. Einseitige, schiefe Krone in Westrichtung. Die zweite Linde ist 1981 zusammengebrochen.
Naturdenkmal: ja
Standort: auf dem Friedhof südlich des Dorfes auf einer kleinen Anhöhe

245 Eiben im Pleßwald bei Göttingen

Baumart: Eibe
Alter: 170 Jahre
Höhe: 12-17 m
Umfang: 60-160 cm
Krone: 10 m
Forstamt: Bovenden
Kreis: Göttingen
Besonderheiten: großer geschlossener Eibenbestand (12,7 ha), der völlig aus der forstwirtschaftlichen Nutzung herausgenommen wurde (seit 1908), heute noch ca. 800 Eiben.
Naturdenkmal: ja
Standort: unterhalb der Burg Plesse, den Wegschildern „Eibenwald" folgend. „Goethe-Linde" vor der Terrasse der Burg Plesse

246 Dicke Linde in Elliehausen

Baumart: Linde
Alter: 600-700 Jahre
Höhe: 20 m
Umfang: 785 cm
Krone: 20 m
Forstamt: Bramwald
Kreis: Göttingen
Besonderheiten: gewaltiger Stamm, so, als seien viele Bäume zusammengewachsen, weit verzweigt mit alten und jungen Stämmen.
Naturdenkmal: ja
Standort: an der Hauptstraße in Elliehausen

247 Calsow-Buche

Baumart: Buche
Alter: 265 Jahre
Höhe: 43 m
Umfang: 490 cm
Krone: 28 m

Forstamt: Göttingen (Stadt-FA)
Kreis: Göttingen
Besonderheiten: benannt nach Calsow, Oberbürgermeister um etwa 1900. Stärkste Buche im Landkreis Göttingen.
Naturdenkmal: ja (flächenh.ND)
Standort: in einer kleinen Talmulde inmitten des historischen Göttinger Waldes an der Seckbornquelle. Göttingen - Herberhausen - Osten-Seckbornstraße

248 Blutbuche in Waake

Baumart: Buche
Alter: 200 Jahre
Höhe: 39 m
Umfang: 645 cm
Krone: 26 m
Kreis: Göttingen
Besonderheiten: soll nach Aussagen von Dendrologen zur ersten Generation der Blutbuchen (Ende des 18.Jahrhunderts) gehören. „Mutterbaum“ für zahlreiche Pfropfungen im Raum Göttingen. Auffallend: „Edelreis“ links gedreht.
Naturdenkmal: nein
Standort: im Park des Rittergutes von Wangenheim, ca. 80 m nördlich des Gutshauses

249 Linde im Klostergarten von Bursfelde

Baumart: Linde
Alter: 600-800 Jahre
Höhe: 26 m
Umfang: 525 cm
Krone: 17 m
Kreis: Göttingen
Besonderheiten: von dem Baum steht nur noch die Südhälfte (Baum-

umfang vorher über 7 m). Kronenäste weisen nach Süden und sind gestummelt. Benediktinerkloster Bursfelde 1093 vom Grafen Heinrich von Northeim gegründet.
Naturdenkmal: ja
Standort: hinter der Klosterkirche (12. Jhdt), an einem Teich, unweit der Gartenmauer an der Straße Hann.-Münden - Hameln (B 80)

250 Märchenbuche an der Weser bei Hemeln

Baumart: Buche
Alter: 300-400 Jahre
Höhe: 29 m
Umfang: 450 cm
Krone: 28 m
Forstamt: Bramwald
Kreis: Göttingen
Besonderheiten: knorriger Stamm und weit ausladende Krone, markantes starkes Wurzelwerk, das den mächtigen Stamm im Steilufer verankert. Herrlicher Blick ins Wesertal.
Naturdenkmal: ja
Standort: von der Straße Hemeln-Glashütte, markierter Pfad zur Buche an dem steilen Weserhang

251 Varlosener dicke Linde an der alten Heeresstraße

Baumart: Linde
Alter: 700-800 Jahre
Höhe: 19 m
Umfang: 680 cm
Krone: 17 m
Kreis: Göttingen
Besonderheiten: etwa 5 m hoher Schaft, stark spannrückig, beulig, mit tiefen Rinnen. Stamm hohl. Die fast horizontal verlaufenden Äste

wurden nach dem Orkan im Jahre 1972 etwa zur Hälfte gekappt. Jüngere Triebe wachsen nach. Die Sommerlinde soll aus mehreren Bäumchen zusammengewachsen sein. In den Rillen haben sich Eschen, Birken und Hollunder angesiedelt.
Naturdenkmal: ja
Standort: am Nordrand des Ortes Varlosen, dicht am Oberlauf der Nieme, am letzten Gehöft

252 Gerichtslinde in Göttingen-Grone

Baumart: Linde
Alter: 300 Jahre
Höhe: 25 m
Umfang: 530 cm
Krone: 17 m
Kreis: Göttingen
Besonderheiten: Solitär, hohl, plombiert, weit ausladende Krone, volles Laub, Gerichtsstätte von 1241 bis 1831. Die Linde ist in der Karte von 1828 verzeichnet.
Naturdenkmal: ja
Standort: im Westteil der Stadt, auf einem Grünstreifen südlich der B 3, in Höhe des Städtischen Krankenhauses, knapp 500 m westlich der Leinebrücke

253 Hengstberg-Elsbeere bei Groß Lengden

Baumart: Elsbeere
Alter: 170 Jahre
Höhe: 33 m
Umfang: 280 cm
Krone: 12 m
Forstamt: Radolfshausen (Abt.37a)
Kreis: Göttingen

Besonderheiten: soll höchste Elsbeere Deutschlands sein. Überhälter in ca. 100-jährigem Buchenbestand. Hochzwiesel, etwas spannrückig, leicht linksgedreht.
Naturdenkmal: nein
Standort: etwa 10 km östlich von Göttingen, Kreisstraße Waake - Groß Lengden, fester Waldweg zum Hengstberg (nach Osten), unterer Hangweg nach Süden, kurz bevor Hangweg einseitig ans Feld stößt, 100 m bergauf.

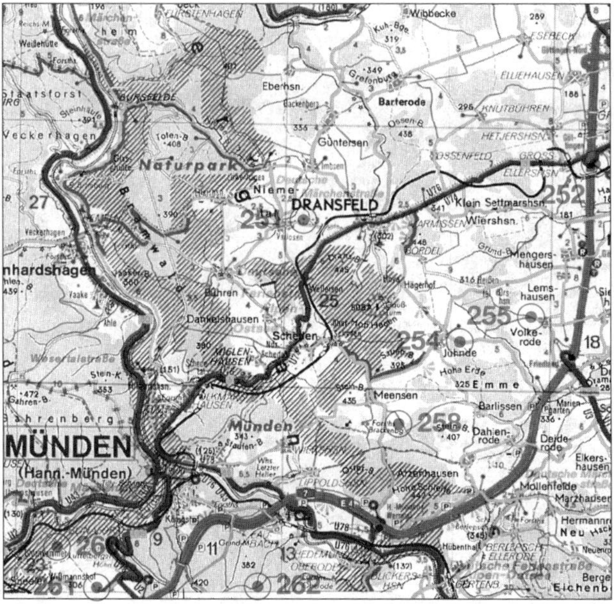

254 Eiche am Ehrenmal in Jühnde

Baumart: Eiche
Alter: 400-500 Jahre
Höhe: 18 m
Umfang: 495 cm
Krone: 18 m
Kreis: Göttingen
Besonderheiten: schön gewachsener Solitär. Stamm ca. 4,5 m, dann fünf starke Hauptäste. Starke Wurzelanläufe. Hohlstellen im Stamm.
Naturdenkmal: ja
Standort: auf einer Wiese, 1 km nordwestlich des Ortskernes von Jühnde, an der Straße nach Dransfeld, etwa 100 m vom Ehrenhain für die Gefallenen, auf einer kleinen Anhöhe. Landschaftsprägend

255 Alte Linde in Volkerode

Baumart: Linde
Alter: 400-500 Jahre
Höhe: 24 m
Umfang: 630 cm
Krone: 13 m
Kreis: Göttingen
Besonderheiten: Stamm hohl, mit vielen Längsfurchen. Starke Bildung von Wasserreisern und Wurzelbrut.
Naturdenkmal: ja
Standort: im Ostteil des Dorfes Volkerode, am rechtwinkligen Knick der Hauptstraße, im Winkel mit einer Nebenstraße, dicht an Häusern

256 "Adelheid-Esche" im Gutspark Sennickerode

Baumart: Esche
Alter: 200-300 Jahre
Höhe: 43 m
Umfang: 520 cm
Krone: 28 m
Kreis: Göttingen
Besonderheiten: Zwiesel ab 3 m Höhe. Krone mit Steilästen. Benannt nach einer Ahnherrin der Besitzer.
Naturdenkmal: nein
Standort: Gut Sennickerode an der Kreisstraße Benniehausen zur Straße Kerstlingerode-Bischhausen, im Gutspark südöstlich des Schlosses

257 "Hans-Eiche" bei Sennickerode

Baumart: Eiche
Alter: 550-650 Jahre
Höhe: 20 m
Umfang: 610 cm
Krone: 12 - 20 m
Kreis: Göttingen
Besonderheiten: kurzer Schaft voller Wülste und Knubbel. Einseitige Krone durch bedrängende Linde.

Benannt nach einem Ahnherrn. Traubeneiche.
Naturdenkmal: ja
Standort: Gut Sennickerode, am NW-Ende einer schmalen Bachaue, südlich der Straße in einer kleinen Mulde

258 4 Gerichtslinden am Hainberg bei Meensen

Baumart: Linde
Alter: 400 Jahre
Höhe: 30 m
Umfang: 550 cm, 495 cm
Krone: 20 m
Forstamt: Kattenbühl
Kreis: Göttingen
Besonderheiten: die vier Linden stehen in einem jüngeren Laubholzbestand an den Eckpunkten eines Rechtecks von rund 7 m Seitenlängen. Kronen beengt, hoher Kronenansatz, fast durchgehende Schäfte, die alle nach außen gebogen sind.
Naturdenkmal: ja
Standort: vom Südausgang des Ortes Meensen führt eine schmale Nebenstraße bergauf nach Süden (am Osthang des Hainberges), nach einer Westkurve liegt in einem kleinen Tal die Försterei. Nordöstlich davon stehen am Unterhang des Berges die Linden

259 "1000-jährige" Gerichtseiche in Groß-Schneen

Baumart: Eiche
Alter: um 800 Jahre
Höhe: 23 m
Umfang: 760 cm
Krone: 27 m
Kreis: Göttingen

Besonderheiten: weit ausladender Kugelbaum. Starke, weitreichende Wurzelanläufe, kurzer, beuliger, knolliger Stamm. Voll begrünt, vital.
Naturdenkmal: ja
Standort: in der NW-Ecke des Dorfes an einer Nebenstraße zwischen Friedhof und Sportplatz

260 Kaiserbuche bei Lutterberg

Baumart: Buche
Alter: 250-300 Jahre
Höhe: 11 m
Umfang: 550 cm
Krone: 19 m
Forstamt: Hann. Münden (Stadt-FA)
Kreis: Göttingen
Besonderheiten: Solitärbaum, Krone am Hauptast abgestorben, verbliebene Krone wird durch ausladende Seitenäste gebildet.
Naturdenkmal: ja
Standort: nordöstl. Wißmannshof, Gkg. Speele/Lutterberg

261 Teicheiche in Lutterberg

Baumart: Eiche
Alter: 350-400 Jahre
Höhe: 27 m
Umfang: 485 cm
Krone: 22 m
Kreis: Göttingen
Besonderheiten: gesunder Schaft von etwa 3,5 m Höhe, mit Frostriß. Viele, steil gestellte Starkäste. Ortsbildprägend.
Naturdenkmal: ja
Standort: im Nordostteil von Lutterberg am Feuerteich (Lange Straße) auf einem Damm

262 Buchenklumpse im Kattenbühl

Baumart: Buche
Alter: 200-250 Jahre
Höhe: 18 m
Umfang: 740 cm
Krone: 22 m
Forstamt: Kattenbühl
Kreis: Göttingen

Besonderheiten: alte Knickbäume, früher oft zurückgeschnitten entlang eines noch erkennbaren Grenzgrabens.

Naturdenkmal: nein

Standort: Autobahnabfahrt Lutterberg, weiter in den Kaufunger Wald, 2,5 km auf öffentlicher Straße, erste Querstraße, dann 50 m nach rechts Richtung Steinberghaus, dann Waldweg links 1,2 km, Pfad rechts 100 m zu gewaltigen Buchen

Forstliche Wuchsgebiete und Wuchsbezirke

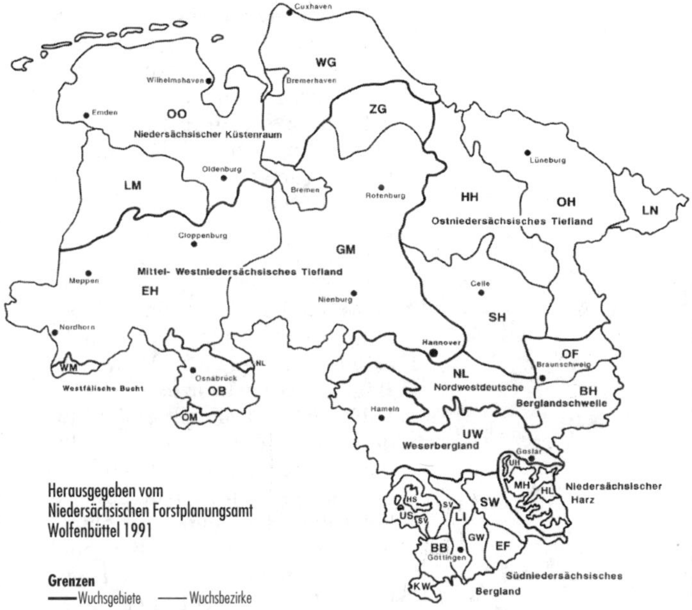

Herausgegeben vom
Niedersächsischen Forstplanungsamt
Wolfenbüttel 1991

Grenzen
—— Wuchsgebiete —— Wuchsbezirke

1 Südniedersächs. Bergland
BB = Bramwald-Brackenberg
GW = Göttinger Wald
LI = Leine-Ilme-Senke
SV = Solling-Vorland
US = Unterer Solling
HS = Hoher Solling
SW = Südwestliches Harzvorland
KW = Kaufunger Wald
EF = Eichsfeld

2 Niedersächsischer Harz
UH = Unterer + mittl. Harzrand
MH = Montaner Mittel-/Oberharz
HL = Harzhochlagen

3 Weserbergland
UW = Unteres Weser-Leinebergland
OB = Osnabrücker Hügel- u. Bergland

4 Nordwestdeutsche Berglandschwelle
OF = Ostbraunschweig. Flachland
BH = Ostbraunschweig. Hügelland
NL = Niedersächsische Lößböden

5 Ostniedersächsisches Tiefland
LN = Lüchower Niederungen
OH = Ostheide
HH = Hohe Heide
SH = Südheide

6 Mittel- Westniedersächsisches Tiefland
ZG = Zevener Geest
GM = Geest Mitte
EH = Ems-Hase-Hunte-Geest

7 Niedersächsischer Küstenraum
WG = Wesermünder Geest
OO = Ostfriesisch-Oldenburgische Geest
LM = Leda Moorniederung

8 Westfälische Bucht
WM = Westmünsterland
OM = Ostmünsterland

Hilfe für alte Bäume

Untersuchungen haben gezeigt, daß das Wurzelwachstum der Altbäume von Natur aus schwächer ist und durch die zunehmende Versauerung der Böden zusätzlich stark beeinträchtigt wird. Hinzu kommt, daß alte Bäume ein tiefes Wurzelwerk besitzen, das bis in den Unterboden reicht. Gerade hier sind die Schadstoffe besonders konzentriert. Die Wurzeln im tieferen Bereich verkümmern und können so einen Großteil ihrer Funktionen nicht mehr erfüllen. Die Folge: Viele alte Bäume sterben frühzeitig.
Hilfe muß vor allem bei der Bodenverbesserung ansetzen. Im Anschluß an eine eingehende Bodenanalyse sind Wurzelraumbelüftung, Düngung, Erhöhung der Wasserspeicherfähigkeit und teilweise Bepflanzung des Traufbereiches die wichtigsten Maßnahmen.

Die Sorge um die alten Bäume führte am 7. Februar 1988 zur Gründung des Kuratoriums Alte liebenswerte Bäume in Deutschland e.V. Ziel des Kuratoriums ist die Rettung und Erhaltung alter liebenswerter Bäume, unseres Waldes und unserer Natur. Das Kuratorium arbeitet dabei eng

mit der „Schutzgemeinschaft Deutscher Wald“ zusammen.
Maßnahmen zur Rettung alter Bäume können durch persönliche, gemeinsame und öffentliche Baumpatenschaften eingeleitet werden. Das Kuratorium veranlaßt eine Bodenuntersuchung, das Freistellen des Baumes, Belüftung des Wurzelraumes und Düngung in verschiedenen Tiefen und - wenn nötig - chirurgische Eingriffe.

Im nebenstehenden Bild ist eine Wurzelbehandlung schematisch dargestellt.

Werden Sie Baumpate, wenden Sie sich an das Kuratorium.

Ortsregister mit Nummern der Bäume

Literaturhinweise

Ahlborn, NN	Baumriesen Südhannovers Göttinger Blätter 1935
Friedrich, E.A.	Naturdenkmale Niedersachsens Landbuchverlag Hannover 1981 Gestaltete Naturdenkmale Niedersachsens Landbuchverlag Hannover 1982
Fröhlich, H.J.	Alte liebenswerte Bäume in Deutschland C.Ahlering-Verlag Hamburg 1989 Wege zu alten Bäumen Band 1 bis 5 wdv-Wirtschaftsdienst Frankfurt/Main 1990 - 1992
Goerss, H.	Unsere Baumveteranen Landbuchverlag Hannover 1981
Niedersächsische Ministerium für Ernährung, Landwirtschaft und Forsten	Wald und Forstwirtschaft in Niedersachsen Hannover 1991
Preuß. Minister für Landwirtschaft, Domänen und Forsten	Forstbotanisches Merkbuch Provinz Hannover 1907

Bildnachweis

Alle Fotos Hans Joachim Fröhlich, außer:
Joachim Conrad: S.170, 185, IX, XIV; Arno Leffers: S. 90, 92, 124, 130, 131, II, VIII, XIII; Walter Obertreis: S. 100, 125, 162; Günther Schumann: S. 177, 186, V, XI; Mechthild von Veltheim: S. 51, 52, I, XVI

Buchreihe

In der Buchreihe "Wege zu alten Bäumen" sind bisher erschienen:

Bd. 1 Hessen 1990

Bd. 2 Bayern 1991

Bd. 3 Rheinland-Pfalz/
Saarland 1991

Bd. 4 Nordrhein-Westfalen 1992

Bd. 5 Niedersachsen 1993

Bd. 6 Schleswig-Holstein/
Hamburg/Bremen 1994

Bd. 7 Sachsen-Anhalt 1993

Weitere Bände folgen.

Sie können diese Bücher im Buchhandel oder direkt beim Verlag bestellen.

Mein besonderer Dank

gilt zuerst dem wdv-Verlag und dessen Verleger Diether Kuhn, dem Geschäftsführer Adolf Hilger sowie dem Chefredakteur Wolfgang C. Ehrnsperger, die die Serie "Wege zu alten Bäumen" so erfolgreich fortgeführt haben.

Sodann bin ich den Baumexperten dankbar, die die Bäume suchten, beschrieben, aufnahmen und ihren Geschichten nachgingen:

Forstoberrat Walter Obertreis,

Dipl.-Forstwirt Arno Leffers,

Forstoberrat Achim Conrad,

Landforstmeister Heinz Grünewald
Dr. Rolf Kehr.

Es machte Freude, mit ihnen zu arbeiten.

Den verwaltungstechnischen Ablauf bewältigte Frau Erika Münzel wiederum sorgfältig und perfekt, am Computer von Herrn Obertreis unterstützt.

Möge die viele Arbeit den alten Bäumen zugute kommen!

Wer einen weiteren Baum benennen will

____
(Land)

Name (falls bekannt): ______________________________
(immer mit Ortsangabe z.B. „Kaisereiche bei Landshut"

Lage:

Regierungsbezirk: ______________________________

Kreis: ______________________________

Forstamt: ______________________________

Gemarkung: ______________________________

Kreis oder kreisfreie Stadt: ______________________________

Beschreibung des Weges zum Baum und Kennzeichnung seines Standortes:

____

____

____

____

Sie können auch einen Kartenausschnitt mit eingezeichnetem Standort einsenden, das erleichtert das Auffinden.

Beschreibung des Baumes:

Alter geschätzt (s) oder gemessen (m): ______________________________

Höhe in Metern geschätzt (s) oder gemessen (m): ______________________________

Umfang in 1,3 m Höhe in Zentimetern: ____________________

Kronendurchmesser im Mittel in Metern: __________________

Naturdenkmal (falls bekannt): ja / nein

Eigentümer: ____

____

Besonderheiten des Baumes: (z.B. vollbekronter Solitär mit auffallend geschwungenen Ästen, Krankheiten)

____

____

____

Geschichte und Literatur (falls bekannt):

____

____

____

____

An
Kuratorium
Alte Liebenswerte Bäume
Wandersmannstraße 60

65205 Wiesbaden-Erbenheim